Diels Ludwig

Vegetations-Biologie von Neu-Seeland

Diels Ludwig

Vegetations-Biologie von Neu-Seeland

ISBN/EAN: 9783337383947

Hergestellt in Europa, USA, Kanada, Australien, Japan

Cover: Foto ©berggeist007 / pixelio.de

Weitere Bücher finden Sie auf **www.hansebooks.com**

Vegetations-Biologie

von

NEU - SEELAND.

Von

L. Diels.

(Arbeit aus dem Königl. botan. Museum zu Berlin.

Mit 1 Tafel und 7 Figuren im Text.

———————•———————

Leipzig

Wilhelm Engelmann

1896.

Vegetations-Biologie von Neu-Seeland.

Von

L. Diels.

Mit Tafel III und 7 Figuren.

Arbeit aus dem Kgl. botan. Museum zu Berlin.

Einleitung.

Die Reactionen des Pflanzenorganismus auf äußere Einflüsse hat man
bisher am erfolgreichsten in Florengebieten studiert, wo gewisse Eigentümlichkeiten von Klima oder Standorten einseitig und extrem auf die
Vegetation wirken, wo nur völlige Harmonie zwischen Organisation und
Umgebung Gedeihen ermöglicht. Erheblich compliciert sich die Frage bei
der Lebewelt gemäßigter Erdstriche, in denen eine wechselvolle Natur
große Mannigfaltigkeit der Typen gestattet, die, unter verschiedensten Verhältnissen entstanden, durch die vielverschlungenen Schicksale der Festländer und ihres Klimas mehrfach gemischt sind. Wie aus manchem

Beispiel schon des europäischen Pflanzenreiches genugsam erhellt, stimmt hier die Ausstattung der Organismen nicht allerorts so zweifellos zu den physischen Existenzbedingungen, wie bei den Bewohnern klimatisch extremer Länder, wenn sich auch ein gewisser Einklang allmählich einstellt, nicht zum wenigsten hervorgerufen durch den Niedergang älterer Florenelemente gegenüber zeitgemäßer organisierten Andringlingen. Nur in isolierten Gebieten, vor allem auf entlegenen Inseln sind die Oscillationen des Lebenskampfes minder heftig, und es ist allbekannt, wie man dort einseitig angepasste Organismen zahlreicher noch erhalten findet, als in den großen Continentalgebieten. Und wenn wir dort nicht so selten Organisationen wahrnehmen, die mit der Umgebung in Disharmonie scheinen, so dürfen wir mit Areschoug [1]) annehmen, dass sie von einer vorhergehenden, unter anderen Verhältnissen lebenden Generation überkommen sind. Andererseits, während die bedrängte Flora in den weiten Festländern nach gewisser Wanderzeit meist in einem anderen Teile die gewohnten Bedürfnisse zur Ansiedelung wiederfindet, ist ihr auf einer Insel vielfach der Rückzug abgeschnitten, aber es fehlt auch (ohne Eingriff des Menschen) der gesteigerte Wettbewerb überlegener Einwanderer. Die neuen physischen Constellationen können dort die Structur jeder einigermaßen variationsfähigen Pflanze zweckmäßig umgestalten und damit das Fortleben der Art sichern. Und das geschieht thatsächlich, wenn auch das Wie zu entschleiern bis heute nicht gelungen ist.

Zum näheren Studium solcher Erscheinungen wies mich Herr Geh. Rat Engler auf die Vegetation Neuseelands hin. Da die Flora dieses Gebietes im Kgl. Herbar und Bot. Garten zu Berlin durch reiche Sammlungen repräsentiert ist, war ich in der Lage, alle irgend wichtigen Arten an getrockneten Exemplaren zu untersuchen und vielfach auch frisches Material zum Vergleich heranzuziehen. Trotzdem hätte ich den Versuch nicht wagen können, ohne Autopsie die neuseeländische Vegetation zu analysieren, wäre ich nicht von einigen Fachgenossen in der fernen Colonie aufs liebenswürdigste unterstützt worden. Mr. T. Kirk und Mr. T. F. Cheeseman verdanke ich schätzbare Mitteilungen, vor allem aber fühle ich mich Mr. L. Cockayne zu herzlichstem Danke verpflichtet, dessen Eifer den Kgl. Garten und das Museum in Besitz wertvoller Sammlungen besonders von der Südinsel brachte. Die ausführlichen Informationen, mit denen Mr. L. Cockayne meine zahlreichen Anfragen nach Standortsverhältnissen u. s. w. in uneigennützigster Weise beantwortete, haben mich trotz der spärlichen Litteratur über die alpine Vegetation in Stand gesetzt, die interessante Hochgebirgsflora in gleicher Weise zu behandeln wie die besser bekannte der Niederung. Die tiefgreifenden Mängel, deren ich mir trotzdem bewusst

---

1) Der Einfluss des Klimas auf die Organisation der Pflanzen. — Engler's Bot. Jahrb. II. 511 ff.

hin, mögen Beobachtungen in der Heimat recht bald zu verbessern helfen,
wo namentlich der experimentellen Biologie noch ein so weites Feld
sich öffnet.

Die Untersuchungen zu dieser Arbeit wurden im Laboratorium des
Königl. Bot. Museums zu Berlin unter Leitung des Herrn Geh. Reg.-Rat
Prof. Dr. ENGLER ausgeführt; es sei mir gestattet, auch an dieser Stelle
meinem hochverehrten Lehrer für die wohlwollenden Ratschläge und An-
regungen, mit denen er mein Studium von Anfang an und so auch diese
Arbeit begleitete, meinen tiefgefühltesten Dank auszusprechen. Ebenso
ist es mir eine angenehme Pflicht, den Herren Prof. URBAN, Prof. HIERONY-
MUS, Prof. SCHUMANN, Dr. WARBURG, die mich durch Belehrung oder Litte-
raturnachweis unterstützten, für ihre gütige Hülfe bestens zu danken, und
nicht minder Herren Dr. GILG und Dr. HARMS für das freundliche Interesse,
das sie meiner Arbeit schenkten.

Litteraturverzeichnis.

In der Nomenclatur folgt diese Arbeit ENGLER-PRANTL's »Natürlichen Pflanzen-
familien«, bei den Farnen der Synopsis von HOOKER-BAKER. Die einschlägige Litteratur
wird größtenteils im Text zu citieren sein. Als wichtig für die ganze Abhandlung
sollen hier nur einige Schriften zusammengestellt werden, die sich ausschließlich
oder eingehender mit Neuseeland beschäftigen, was namentlich gilt von den »Trans-
actions and Proceedings of the New Zealand Institute« I—XXVI. Wellington 1868—1893,
abgekürzt NZI). Von den dort niedergelegten wertvollen Publicationen erlaubte der
Raum in folgender Liste nur die häufiger benutzten Floren, Excursionsberichte und
geographischen Artikel kurz nach Autor, Gegenstand und Jahrgangsnummer zu erwähnen:

ADAMS, J., Te Aroha XVII.
ARMSTRONG, J. B., Neighbourhood of Christchurch II, Canterbury XII.
BENTHAM, G., Flora Australiensis. London 1863—78.
BUCHANAN, J. M., Egmont I, Marlborough I, Otago I, Wellington VI, Alpine Flora XVI,
    Campbell Island XVI.
—— The Indigenous grasses of New Zealand. Wellington 1880.
CHEESEMAN, T. F., Pirongia Mountains XII, Nelson XIV, Kermadec Island XX, Three
    Kings Islands XXIII.
COLENSO, W., North Island I.
DOBSON, D., Date of the Glacial Periode VII.
ENGLER, A., Entwickelungsgeschichte der Pflanzenwelt II, 12—164. Leipzig 1882.
v. HAAST, J., Canterbury Plants II.
HANN, J., Klima von Neuseeland. Zeitschr. d. österr. Gesellsch. f. Meteorologie. Wien
    1871. 281ff.
HARDCASTLE, J., Loess Deposits of the Timaru Plateau XXII.
HECTOR, J., Handbook of New Zealand. Wellington 1880.
v. HOCHSTETTER, F., Neu-Seeland. Stuttgart 1863.
HOOKER, Sir J., Flora Novaezelandiae. London 1853.
—— Handbook of the New Zealand Flora. London 1867.
HUTTON, F. W., Geogr. Relations of the New Zealand Fauna V, Cause of the former great
    Extension of Glaciers VIII, Moas XXIV.

v. Ihering, Relations between New Zealand and South-Amerika XXIV.

Kerry-Nicholls, J. H., The King Country. London 1884.

Kirk, T., Waikato Litoral Plants III; Antipodes Island III; Auckland III; Relationship between the Floras of New Zealand and Australia XI; Snares XXIII.

—— The Forest Flora of New Zealand. Wellington 1889.

—— On the Botany of the Antarctic Islands. Christchurch 1891.

Kratz, F., Aucklands-Insel. Verh. Bot. Verein Brandenburg. Berlin 1875.

Lindsay, W. L., Contributions to New Zealand Botany. London und Edinburgh 1868. (Otago.)

Meeson, J. T., Rainfall of New Zealand XXIII.

v. Mueller, F., The Vegetation of the Chatam Islands. Melbourne 1864.

Munro, D., Features of the geogr. botany of Nelson I.

Petrie, D., Stewart Island XIII.

Scott, J. H., Macquarie Island XV.

Tate, R , On the Geogr. Relations of the Floras of Norfolk and Lord Howe Islands. Macleay Memorial Volume (1889).

Thomson, G. E., Origin of the New Zealand Flora XIV.

Travers, H. H., Chatam Island I.

Travers, W. T. L., Nelson and Marlborough compared with Canterbury I, Dr. Haasts supposed Pleistocene Glaciation VII.

Wallace, A. R., Island Life. London 1880.

Zeichenerklärung zu den Artenlisten.

○ Kosmopolitisch.   ⁻ Indonesien, Melanesien oder Polynesien.

( ) amphitropisch. | Australien.

⌐ nördl. Halbkugel.   __ Südamerika.

⌣ südl. Halbkugel.   ° Lord Howe Island oder Norfolk.

L etc. sind selbstverständliche Combinationszeihcen bei weiter verbreiteten Gewächsen.

[ ] um diese Noten bezeichnet nahe Verwandte im betreffenden Lande.

Alle Pflanzen ohne Signatur sind auf Neuseeland (incl. den Chatam-, Auckland-, Campbell-Inseln) endemisch.

A. Klima.

Seiner einsamen Lage inmitten der Südsee dankt Neuseelands Klima in den Hauptzügen oceanischen Charakter, freilich mannigfach abgestuft durch das wechselvolle Bodenrelief des Landes. Beide Thatsachen konnte schon 1871 J. Hann zahlenmäßig belegen, gestützt auf vieljährige Beobachtungsdaten einiger Stationen, die seither noch gemehrt genügendes Material liefern, um die für das Pflanzenleben wesentlichsten Werte zusammenzustellen. Ein Blick auf die Tabelle zeigt zunächst das maritime Klima, das alle Extreme der Temperatur abstumpft: in ihrem Jahresdurchschnitt gleicht Neuseeland der Ostküste Australiens und bleibt beträchtlich hinter entsprechenden Breiten Südeuropas zurück. Denn der Sommer ist nicht heißer als in Mitteldeutschland, das 15° weiter vom Äquator entfernt, aber der Winter mild wie an den normannischen Gestaden, infolgedessen die Differenz der Jahresextreme ungewöhnlich gering. Die Niederschläge sind reichlich, selbst die trockensten Teile stehen dem westlichen Deutsch-

		Westseite.								Ostseite.							
	Mongonui	Auckland	Taranaki	Wanganui	Wellington	Nelson	Hokitika	Healey	Invercargill	Napier	Cap Campbell	Christchurch	Canterbury Plains	Queenstown	Dunedin	Chatam Isl.	Auckland Isl.
Südl. Breite:	35,0	36,8	39,0	39,6	41,2	41,2	42,4	43,0	46,5	39,3	41,8	43,3	45	45,0	45,8	44	
Temperatur Mittel — Jahr	16	15	16	16	13	13	12	12	10	14		12		10	10	11	
VII	12	14	13	13	12	11	11	8	10	13		17		9	11		
IX	15	14	13	13	13	15	15	13	13	10		17		15	14		
I	20	19	19	17	17	18	18		14	19		17		11	14		
IV	17	17	16	14	14	14	13	12	11	14		12			11		
Differ. d. wärmst. u. kält. Monats.	8,1	6,9	8,7		8,2	9,5	8,2	10,1	9,5	11,2		10,4			8,5		
Mittl. Max. d. Jahres.	27	27	31		26	25	24	26	29	32		34			29		
Mittl. Min. d. Jahres.	—0,1	0,7	—1		0,4	—2,6	—2	—10,2	—6,6	0,1		—3,8			—1,2		
Mittl. tägl. Amplitude. — Jahr	5,7	8,6	8		5,9	10,6	7,6		9,4	8,5		9,5			7,9		
VII	9,3	9,9	10,1	5,9	7,3	13	6,2		12,1	10,2		10,2			8,7		
I	4,4	4,9		6,7	11,2		7,9		14,2	4,3		9,5			5,9		
Mittl. Max. — Insolat.	67	65	67	63	61	70	50	64	64	64		67		69	68		
Radial.		—3	—3		—10	—9	—5	—22	—10	—2		—11			—5		
Jährl. Niederschlagssumme in cm	137	106	149	95	125	152	305	263	117	90	53	64		86	89	73	
Regen- Jahr %	47	47	44	38	43	23	56	54	46	22	23	30		86	84	45	
wahr- Winter %	66	61	52		51	27	52	53	47	26		36	30	32	51		
schein- Frühl. %	50	52	51		43	25,2	61	61	47	26		36	30		53		
lichkeit. Somm. %	33	33	35		37	22,2	57	56	40	24		33	24		53		
Herbst %	39	41	38		40	18,7	48	56	49	17		28	24		68		
Relat. Feuchtigk. %	76	73	74	72	73	74	89	77	75	74	73	76	22		73	33	
Sättigungsdeficit.	3,2	3,5	3,1	3,2	2,7	2,9	1,2	4,8	2,3	2,4	3,0	2,5		3,1	2,5		
Bewölkung	5,7	6,1	6,4	5,9	4,9	3,3	5,3	4,4	6,0	2,6	6,3	3,8		5,6	5,8		
Mittlere Windstärke m pro Sec. pro Jahr	3,3	5,1	4,5	5,2	4,1	2,9	3,8	3,5	3,9	4,6	8,6	2,9		2,6	2,9	5,1	

land kaum darin nach. Schwere Dürren hat man nirgends zu fürchten, schon ei n en regenlosen Monat nennt Hector (Hb. 58) eine seltene Ausnahme. Dagegen fällt die Veränderlichkeit des Wetters allen Beobachtern auf: mit oft umspringendem Winde wechseln plötzlich Wärme und Kühle, Regen und Sonnenschein; rasch heitert nach trübem Wetter der Himmel wieder auf, die düsteren Nebeltage des atlantischen Europas sind unbekannt. Dem entspricht die Größe der täglichen Wärmeamplitude, die sich vielerorts beträchtlicher erweist, als selbst in Wiens continentalem Klima (wo 8° nach Hann[1])).

Für die Ausprägung aller genannten Eigentümlichkeiten ist die Bodenplastik des Landes, wie erwähnt, bestimmendes Moment. Denn da fast die ganze Insel bereits der Region des Nordwestwindes angehört, und ihre Gebirge nahezu senkrecht zur herrschenden Luftströmung streichen, ergiebt sich derselbe Gegensatz zwischen West- und Ostseite wie in Patagonien oder Skandinavien [s. die Isobyeten (nach Meeson) auf der Karte Taf. III]. Schon bei der Nordhälfte Neuseelands tritt er hervor, wenn dort auch, von isolierten Vulkanriesen abgesehen, die Ketten noch von mäßiger Höhe, die Übergänge allmählich sind. Eine viel schärfere Wetterscheide bilden auf der Nachbarinsel die hohen Kämme der Südalpen, die im Centrum zu einer 3—4000 m hohen firngekrönten Mauer geschart sich nach Norden und Süden in zahlreiche, noch immer mächtige Züge auflösen. Der steil zu Meer stürzende Westabfall des Gebirges empfängt in ganzer Breite den milden wasserreichen Nordwest, und das schmale ihm vorgelagerte Litoral zeigt alle hervorgehobenen Eigenheiten des temperierten Seeklimas in höchster Potenz (vergl. Hokitika). Hier beträgt die Regenmenge durchschnittlich 300 cm, etwa so viel wie am entsprechenden Gestade Patagoniens, über doppelt mehr als am Westrande Norwegens oder der australischen Ostküste. Dabei ist zu bedenken, dass dieser im Meeresniveau geltende Betrag noch nicht das Niederschlagsmaximum darstellt, da ja an Gebirgshängen erst in einer gewissen Höhe die größte Regenmenge fällt; die Maximalzone kann man für Neuseeland in etwa 600 m ansetzen, doch liegen directe Messungen bis jetzt nicht vor. Jedenfalls genügt die Höhe des Alpenkammes fast durchweg, die Feuchtigkeit des Nordwests völlig zu condensieren und zum Niederschlag zu bringen. Trocken weht er auf der Ostseite und stürzt zuweilen als heißer Föhn mit dörrendem Hauch auf die Ebenen Canterburys, in die Centralthäler Otagos herab. Dort finden wir darum die trockensten Landschaften der Insel, wo zugleich minder limitierte Temperatur mit größeren Jahresschwankungen, also etwas continentaleres Klima herrscht. Selbst an der Ostküste compensiert die Meeresnähe nur wenig den mächtigen Einfluss der Gebirgsmauer: die Regenmenge zu Christchurch ist noch fünfmal kleiner als im transalpinen

1) J. Hann, Handbuch der Klimatologie. Stuttgart 1883. S. 23.

208   L. Diels.

Hokitika bei gleicher Breite. Beste Illustration dieser Verhältnisse geben die in Benley registrierten Werte: der Punkt liegt 644 m über Meer am Osthang der Alpenkette, aber gerade unter dem nur 900 m hohen Arthurpasse, einer der wenigen Breschen in dem fast lückenlosen Alpenwall; hier kann der Regenwind mit dem größten Teil seiner Wassermassen den Kamm überschreiten, lässt an der Ostseite (Bealey) noch große Regenmengen fallen, um erst an einer Secundärkette den Rest zu verlieren.

Über die relative Feuchtigkeit und Bewölkung hat man bisher nur Jahresmittel veröffentlicht, die jedoch zu allgemeiner Orientierung genügen dürften. Ebenso sind die anemometrischen Beträge von Interesse, da die Bedeutung der Windstärke für das Pflanzenleben wegen ihres Einflusses auf die Evaporation neuerdings von mehreren Autoren nachdrücklich betont und experimentell nachgewiesen wurde. Auf die relativ große Heftigkeit der Luftbewegung in Neuseeland, die dem Jahresmittel zu entnehmen ist und von allen Beschreibungen lebhaft hervorgehoben wird, mag darum zum Schlusse aufmerksam gemacht sein.

Die klimatischen Verhältnisse im Hochland und auf den umliegenden kleineren Inseln sollen vor der Specialschilderung ihrer Vegetation kurz besprochen werden, soweit es die heutigen Kenntnisse gestatten.

B. Neuseelands Vegetation.

Principien der Vegetationsgliederung.

In einem Gebirgslande wie Neuseeland muss sich die augenfälligste Scheidung der Vegetationsformationen durch die klimatischen Änderungen mit steigender Höhe vollziehen. Hält man an der üblichen Trennung in ebene, montane, subalpine und alpine Region fest, so zeigen sich die zwei unteren Zonen von den beiden oberen durch die Baumgrenze schärfer geschieden, während darunter die Wandlungen des Vegetationscharakters minder ausgeprägt hervortreten, und die Ebene von der Bergzone nach den vorhandenen Schilderungen nirgends sicher abzugrenzen ist. Beide sollen daher in Folgendem als Waldregion der alpinen gegenübergestellt werden. Für ihre obere Grenze geben die zugänglichen Quellen folgende Mittelwerte:

Nordinsel	1500 m
Nelson-Marlborough	1200—1500 m
Canterbury	1250 m
West-Otago	1280 m
Ost-Otago	1070 m

Da erfahrungsgemäß viele Hochgebirgsbewohner mit Bächen u. s. w. oft tief unter die Waldlinie hinabsteigen, so sind diejenigen Arten, die unter 900 m fehlen oder nur noch sporadisch auftreten, durchgängig schon der alpinen Region zugezählt, als dem Felde ihrer Hauptentwickelung.

Gruppiert man die Pflanzendecke des derart gefassten Gebietes nach

Standorten, so ergeben sich Formationen, deren Glieder in ähnlicher Lebenssphäre gedeihen. Ihre Organisation und Verbreitungsverhältnisse und zwar in Beziehung zu den physischen Factoren der heutigen Umgebung sowohl wie zu Neuseelands Geschichte, von denen sich Biologie und Geographie beide stark beeinflusst zeigen, zu untersuchen, ist Aufgabe der folgenden Abschnitte. Bei jeder Genossenschaft müssen demgemäß zur Orientierung die hauptsächlichsten Arten aufgeführt werden; eine nur halbwegs erschöpfende floristische Charakterisierung der einzelnen Formationen dagegen soll und kann nicht gegeben werden; dazu fehlen alle Vorarbeiten. Jedoch wird man bei den rührigen Forschungen der in Neuseeland ansässigen Botaniker, die überhaupt erst eine einigermaßen zutreffende Gruppierung seiner Pflanzenwelt ermöglicht haben, auch bald speciellere Kenntnisse zur Formationskunde erhoffen dürfen.

a. Waldregion.

I. Wasserpflanzen.

So reich Neuseeland an Gewässern aller Art ist, so arm erweist sich ihre Flora an bemerkenswerten Formen. Allenfalls die Thallophyten, bisher wenig erforscht, könnten noch neues bieten, die Siphonogamen sicher nicht. Den Strand der Insel säumen *Zostera* und *Ruppia*, und auch in den Süßwasserbecken herrschen kosmopolitische Bürger, *Azolla rubra*, *Potamogeton*, *Zannichellia*, manche recenter Einschleppung verdächtig. Da und dort gesellen sich ihnen südhemisphärische Species zu (*Isoëtes*, *Amphibromus*, *Myriophyllum*), selbst diese zumeist nur schwache Nebenreiser allbekannter Stämme, deren epharmonischen Bau sie unverändert überkommen haben.

II. Halophyten.

Bald in felsiger Steilküste entsteigt Neuseelands reich gegliedertes Gestade dem Meere, bald als flacher Strand, wo sich vornehmlich das stattliche Heer seiner Halophyten entfaltet, hier die Mangrove, dort Dünengewächse und Wiesenpflanzen in buntem Wechsel. Auch sie verleugnen nicht die xerophile Tracht aller Litoralvegetationen, die dem Verständnis näher zu bringen so vielfach versucht, aber nur zum Teil gelungen ist, lofern keiner der bisherigen Lösungsversuche für einwandsfrei gelten kann [1]).

---

[1]) Zu näherer Orientierung über diese und andere Fragen der Vegetationsbiologie vergl. man z. B. die neuerdings (Flora 1894, 117 ff.; 1895, 421 ff.) erschienene Abhandlung von STENSTRÖM »Über das Vorkommen derselben Arten in verschiedenen Klimaten...« und die dort besprochene Litteratur der letzten Jahre. Speciell für das Halophyten- thema käme A. F. W. SCHIMPER »Indomalayische Strandflora« (Jena 1891) in Betracht, wo die älteren Auffassungen kritisiert und durch eine wohl vielfach zutreffendere Annahme ersetzt werden. Ob es dagegen wirklich die durch xerophile Structur bedingte Saft- stromhemmung ist, die auch in langlebigen Blättern Überschreitung des erlaubten Con- centrationsgrades dauernd verhindert, dafür sind bisher beweisende Thatsachen noch

(114) 2. Mangrove.

⌐ *Avicennia officinalis* L.   *Plagianthus divaricatus* Forst.

In *Avicennia officinalis* hat man neuerdings den bestgerüsteten Mangrovebaum bewundern gelernt; dank seiner unvergleichlichen Organisation in Embryogenie, Wurzelbildung und Blattbau hat er die Küsten des Indischen Oceans von der malesischen Heimat her weithin erobert und ist im Osten polarwärts bis zur neuseeländischen Provinz vorgedrungen, wo ihm noch bei 44° südl. Br. die Chatamsinsel jenes feuchtmilde Klima bietet, das nach SCHIMPER (S. 87) jedes Mangrovegedeihen voraussetzt. Auf der Hauptinsel begnügt er sich mit dem Nordwestzipfel, weiter südlich setzen ihm die leichten Fröste des Winters ein Ziel und er überlässt die Watten einem endemischen Genossen, *Plagianthus divaricatus*. Das ist ein starrer Strauch mit starkhäutigen (5 μ) und schleimreichen Blättern, deren Gestaltung vortrefflich erläutert, wie außerordentlich abhängig die Mangroven von Luftfeuchtigkeit sind: an der Westküste messen die Spreiten ca. 2 cm, an der trockenen Ostseite nie mehr als 0,8; ein Zweig der westlichen Form (*Pl. linariifolius* Buchanan) trägt außerdem etwa fünf mal so viel Blätter als die schwachbelaubte des Ostens.

(112) 3. Küstenwald.

Pittosporum crassifolium B. et S.	*Vitex litoralis* A. Cunn.
P. umbellatum B. et S.	*Veronica speciosa* R. Cunn.
( ) *Dodonaea viscosa* Forst.	*V. macroura* Hook. f.
Fuchsia procumbens R. Cunn.	ⁿ *Coprosma Baueriana* Endl.
Sideroxylon costatum (DC.) Blh. et Hk.	

An sandigen und felsigen Stellen säumen einige Gehölze den Strand. deren Genossenschaft SCHIMPER's Barringtoniaformation entspricht. Wohl ist es ein schwacher Abglanz der indonesischen Fülle, doch die Ursprünglichkeit der Vegetation zeigt immerhin, wie das Klima des nördlichen Neuseelands mäßige Entwickelung eines augenscheinlich autochthonen Küstenwaldes gestattet. Auf die Verwandtschaft seiner Glieder muss später zurückgekommen werden, vorläufig genüge der Hinweis, dass außer *Dodonaea*, die ihren Flügelfrüchten erdumspannende Verbreitung dankt, alle der neuseeländischen Florenprovinz endemisch angehören. Dort beschränken sie sich auf die wärmeren feuchten Küsten; viele haben nur den Nordwestzipfel besetzt, einige gehen bis zu den niederschlagsreichen Gestaden der Cookstraße, *Dodonaea* ist bereits noch weiter vorgedrungen.

Gleich den Küstenbäumen der Tropen meiden manche den Binnenwald, obwohl ihre Organisation sie nicht so scharf wie die Mangroven von den Gehölzen des Innern scheidet. Nur leicht modificiert die Verdunstungs-

---

unbekannt. Nicht minder eingehender Prüfung bedarf auch STAHL's letzthin (Bot. Ztg. 1894, 447 ff.) publicierte Anschauung, die erst als gesichert anzusehen ist, wenn sich in der That für alle Salzpflanzen Verlust der stomatären Beweglichkeit herausstellen sollte.

stärke der offenen, stürmischen, salzreichen Küsten das Blatt. *Pittosporum crassifolium* umgiebt seine Wasserepidermis mit stärkerer Außenwand (9 μ) und Cuticula (3 μ), als ihre vielen Schwesterarten auf Neuseeland; ebenso *Sideroxylon* und *Vitex*, der höchste Baum der Formation, bei denen der dichte Bau des Chlorenchyms allzuschnellem Verbrauche des gespeicherten Wassers vorbeugt. Ihres Hypoderms halber verdienen *Veronica speciosa* und *Coprosma Baueriana* genannt zu werden, die Vorposten der zwei formenreichsten Gattungen des Gebietes. In ihrem großen Verwandtschaftskreise gehören beide zu den wenigen Arten, die aus zweischichtiger Epidermis Wasserverluste der Palissaden zu ersetzen vermögen.

Von *Veronicen* dürfte noch *V. elliptica* hier angeschlossen werden, ein kleiner Baum mit »antarktischer« Verbreitung, in Neuseeland auf die Südostküste begrenzt. Dort exponiert er sich gern den feuchten kühlen Seewinden, und obwohl er meist schon in salzfreiem Boden wurzelt, beherrschen das Laub ähnliche Principien wie das der genannten Gehölze; der Spaltöffnungsapparat in Sonderheit zeichnet sich durch Ringleisten über der äußeren Atemhöhle und Versenkung der Schließzellen aus.

(II 3) 4. Dünenpflanzen.

Dichelachne stipoides Hook. f.	*A. Billardieri* Hook. f.
Zoysia pungens Willd.	*Suaeda maritima* Dum.
Paspalum distichum Burmann	*Salsola australis* R. Br.
Spinifex hirsutus Lab.	*Tetragonia trigyna* B. et S.
Poa breviglumis Hook. f.	*Mesembrianthemum australe* Sol.
Festuca litoralis R. Br.	- *Tissa rubra* Pers. v. *marina*.
Bromus arenarius Lab.	_ *Myosurus aristatus* Benth.
Scirpus frondosus B. et S.	*Ranunculus acaulis* B. et S.
S. nodosus (R. Br.) Rottb.	*Linum monogynum* Forst.
Lepidosperma tetragona Lab.	*Euphorbia glauca* Forst.
Carex pumila Thunb.	*Pimelea arenaria* A. Cunn.
Juncus maritimus Lam.	-- *Apium australe* Thouars
Salicornia australis Sol.	*Calystegia Soldanella* L.
Rumex neglectus Kirk	*Myoporum laetum* Forst.
Chenopodium pusillum Hook. f.	*Coprosma acerosa* A. Cunn.
C. Buchanani Kirk	-- *Sicyos australis* Endl.
C. ambrosioides L.	*Selliera radicans* Cav.
C. detestans Kirk	*Olearia Solandri* Hook. f.
C. triandrum Forst.	*Gnaphalium luteo-album* L.
Atriplex cinerea Poir.	*Senecio lautus* Forst.

An sandigen Dünen ist das Pflanzenleben auf der ganzen Erde in wesentlichen Punkten gleichen Einflüssen ausgesetzt: salzigem Substrate, starker Insolation, oft Trockenheit der obersten lockeren Erdschichten, lebhafter Luftströmung; daher denn eine gewisse Übereinstimmung im Bestande der Litoralfloren. In obiger Liste[1] zählt man für Neuseeland rund

---

1) Auf absolute Vollständigkeit machen diese und folgende Listen keinen Anspruch; jede Art ist nur einmal aufgeführt und zwar bei der Formation, wo sie am

40 specifische Dünenpflanzen, die nebst manchen Psammophilen des
Binnenlandes meist die ganze Küste begleiten. Nur 30 % davon sind endemisch, für eine Strandflora ein ziemlich hoher Procentsatz, der aber in
den meisten andern Formationen weit übertroffen wird.

Man weiß, unter allen Litoralgewächsen sind die Dünenpflanzen von
der Natur ihres Standorts am schärfsten als Xerophyten gezeichnet. Ihren
auffallenden Habitus hat in den verschiedensten Strandfloren das Mikroskop
der Biologen genauer analysiert und dabei Bauprincipien aufgedeckt, die
auch bei den neuseeländischen Litoralpflanzen schon ein flüchtiger Blick
wiederfinden lässt.

Wasserversorgung. Die Wasserspeicherung übernimmt mitunter
zartwandiges Parenchym des Blattcentrums (*Scirpus frondosus*); häufiger
fällt der Oberhaut diese Function und damit die schwierige Aufgabe zu,
ohne Mehrung der Verdunstungsfläche oder Beeinträchtigung der Assimilatoren ihren Inhalt möglichst zu vergrößern. Wie vielseitig dieses Problem
gelöst wird, erweisen drei lehrreiche Beispiele der neuseeländischen
Strandflora: der einfachste und häufigste Fall ist bei *Senecio lautus*
ausgeprägt: Schutz einer sehr geräumigen Epidermis (30 µ hoch) durch
starke (11 µ) Außenwand, die lebhaft mit den permeablen Binnenwänden
contrastirt. Differenzierter zeigt sich *Paspalum distichum*: zahlreiche Epidermiszellen der Blattoberseite bilden durch schlauchartige Vorstülpungen
ein recht voluminöses, aber zartwandiges Reservoir; darum ist es durch
Einrollung der Spreite in eine windstille, stets feuchte Rinne gebettet, in
welche zugleich die Stomata münden, — eine Construction, die ähnlich
vollkommen wirken mag wie der elegante Bau des Wasserspeichers, den
alle Strandcentrospermen Neuseelands mit so vielen ihrer Verwandten
teilen, jene Blasenhaare, in denen durch völlige Kugelform die Oberflächenreduction bei Erhaltung des Volumens an der erreichbaren Grenze anlangt.

Wo Wasserspeicher fehlen, treten auf den trockenen Sandflächen der
Küste mit Vorliebe transpirationseinschränkende Mittel für sie ein; der
Luftwechsel wird gehemmt durch Wollkleid und Vertiefung der Spaltöffnungen (*Pimelea arenaria*), sonst vielfach in Rollblättern, bei *Juncus
maritimus* durch besondere Structur des stomatären Apparats: bis zur
inneren Atemhöhle dringt hier zwar die trockene Außenluft mühelos,
stößt dann aber auf einen Kranz sehr englumiger Zellen und muss den
Eintritt zum Chlorenchym Schritt für Schritt erkämpfen. Besonders durch
Insolation gesteigerte Verdunstung beeinflusst offenbar manche Strand-
pflanzen; *Myoporum laetum* u. a. richten darum ihre Spreiten vertical, und
auch *Euphorbia glauca* scheint dagegen zu reagieren. Sie fällt nämlich durch

---

verbreiteisten erscheint. Die aus den Tabellen abgeleiteten Zahlen können daher nur
als Durchschnittswerte gelten, zumal die Fassung des Artbegriffs schon in Sir J. Hooker's
»Handbook« zuweilen, mehr noch bei den jüngeren Autoren außerordentliche Diffe-
renzen zeigt.

Armierung jeder Oberhautzelle mit einer kleinen dickwandigen Warze auf, und mit Vesque[1]) kann man vielleicht diese »ornements«, die er öfter bei Xerophyten fand, als Präservativ gegen die Concentration der Sonnenstrahlen durch die linsenförmigen Epidermiszellen auffassen.

Endlich spielt wie überall an ähnlichen Localitäten Verkümmerung der Transpirationsfläche eine große Rolle. Sie äußert sich z. B. stark an *Lepidosperma tetragona*, wo das Chlorenchym der vierkantigen Blätter fast überall von der Epidermis durch starke Bastträger abgedrängt ist, die nur schmale Längsrillen für die Stomata zwischen sich lassen. Derselben Tendenz verdanken die Sträucher ericoiden Habitus: *Coprosma acerosa*, als einzige Art dieses polymorphen Hygrophilengenus, die trocknere Stellen bewohnt, entfernt sich mit kurzen und spärlichen Nadelblättern nicht minder von der gewohnten Tracht ihrer Verwandtschaft als *Olearia Solandri*, die im inneren Bau ihrer winzigen Rollblätter allerdings manch nützliches Requisit der Stammesgenossen überkommen hat: auf der Unterseite füllt dichter Filz die beiden spaltöffnungführenden Rillen, während die Oberseite in Köpfchendrüsen ein Secret erzeugt, das die ganze Außenfläche des Blattes lackiert. Rollblätter haben auch die Gramineen der Düne allzumal, mit Ausnahme des einjährigen *Bromus arenarius*, der beim Eintritt der größten Hitze längst verblüht ist. Die fünf übrigen fallen pflanzengeographisch durch weite Areale auf, indem sie wenigstens auch im temperierten Australien die ganze Küste bewohnen, z. T. noch weiter sich ausbreiten. Unter Neuseelands Himmel haben sie daher schwerlich ihr Rüstzeug erhalten, doch als wichtige Formationsglieder, als echte Xerophyten und treue Spiegel der Dünennatur verdienen sie einige Worte. Zunächst ist die Schutzscheide instructiv gebaut: Schwendener[2]) misst ihr einerseits mechanische Bedeutung bei als Panzer gegen allzugroße Turgordifferenzen infolge Wasserabgabe, und fügt hinzu, die Verkorkung und oft beträchtliche Wandstärke mache außerdem directen Schutz gegen Wasserverlust und Wärmeschwankungen wahrscheinlich. Den Beispielen, an denen er seine Ansicht erläutert, reihen sich unsere Dünengräser unmittelbar an. Bei *Zoysia* fällt die den echten Scheiden homologe mehrschichtige Rhizomhülle durch die 10—18 μ betragende ⊔ Verdickung ihrer Zellen auf. Bei der Schutzscheide der *Spinifex*-Wurzel beläuft sich dieser Wert nur auf 3 μ; doch zum Ersatz grenzt an der Innenseite ein breiter Belag derbwandiger Zellen an die Schutzscheide, der die Hadrom- und Leptomstränge von ihr trennt, ganz ebenso, wie es Schwendener allein für *Restio sulcatus* constatierte. Viel häufiger hat er beobachtet, dass die benachbarten Rindenzellen ⊔ verdickt sind. Diesem

---

1) Vesque, L'espèce végétale considérée au point de vue de l'anatomie comparée. Ann. scienc. nat. sér. 6. Bot. XIII. Paris 1882. p. 33.

2) S. Schwendener, Die Schutzscheiden und ihre Verstärkungen. Abh. K. Akad. Wiss. Berlin 1882.

Typus folgt *Dichelachne stipoides* und rivalisiert in dreischichtiger Außen-
scheide mit den Dasylirien der ~~westaustral~~ischen Öden. Für die einrollungsfähigen Blätter dieser Gramineen mag der in Fig. 14 abgebildete Querschnitt von *Festuca litoralis* als Paradigma gelten.

An Stelle ihres äußeren
Stereompanzers tritt bei *Spinifex* Haarbekleidung; außerdem ist die Innenfläche hier in »Prismen« und Furchen differenziert, an deren Böschun-
gen die Stomata, nochmals in Krüge versenkt, vor jedem trockenen
Hauche geborgen sind. Als extremste Form weicht *Dichelachne* von
Festuca ab. Die Fähigkeit, nach der jeweiligen Feuchtigkeit die Blatt-
exposition zu regulieren, hat sie wie es scheint eingebüßt. Die Spreite
besteht aus dicht genäherten Hälften, die Innenfläche ist nach Art des
Spinifex gebaut, das Chlorenchym zieht sich samt den Spaltöffnungen
an die Seiten tiefer, dicht behaarter Rillen zurück. Im ganzen Bau
kommt sie den Wüstengräsern gleich, übertrifft z. B. noch die ähnliche
Stipa tenacissima.

Assimilation. Im Assimilationsgewebe wiegt bei den Halophyten
Neuseelands als echten Sonnenpflanzen der isolaterale Bau und Vertical-
stellung des Laubes vor. Von gleichmäßiger Ausstattung beider Seiten mit
hohen Palissaden (*Pimelea arenaria*) finden sich alle Übergänge zu
schwammzellartiger Ausbildung auf der Unterseite, und ebenso schwankt
die Zahl der Spaltöffnungen auf den beiden Blattflächen in weiten Grenzen. Dass man im Bau des Chlorenchyms infolge hereditärer Einflüsse
u. s. w. nirgends ausnahmslose Übereinstimmung bei allen Gliedern einer
Formation erwarten darf, ist ja von mehreren Autoren bereits entschieden
betont. Typische Dorsiventralität jedoch ist mir nur bei *Olearia Solandri*
(wie bei vielen Arten dieses Genus) vorgekommen.

Festigung. Das wichtigste Befestigungsmittel der Dünenpflanzen
liegt bekanntermaßen in ihren langen Wurzeln, die den Triebsand binden.
Besonders günstig sind nach Travers (NZI XIV, 93) in dieser Beziehung
Spinifex, Scirpus frondosus, Carex pumila, Coprosma, Pimelea arenaria gestellt, doch alle anderen ähnlich ausgerüstet.

(114) 5. Salzwiesen und Brackwassersümpfe.

L *Triglochin triandrum* Michx.	*Lepidium tenuicaule* Kirk.
⌐ *Glyceria stricta* Hook. f.	L *Crantzia lineata* Nutt.
⊙ *Scirpus maritimus* L.	| *Eryngium vesiculosum* Lab.
Carex litorosa Bailey.	. |] *Apium filiforme* Hook. f.
.| | *Leptocarpus simplex* Rich.	| *A. leptophyllum* F. v. M.
⊙ *Chenopodium glaucum* v. *ambiguum*	L *Samolus litoralis* R. Br.
Hook. f.	| *Mimulus repens* R. Br.
) *Atriplex patula* L.	

Im Salzgehalt des Untergrundes liegt für Sumpf- und Wiesenflora des
Strandes der bestimmende Factor; in seinen zahllosen Abwandlungen je
nach Regenmenge und Inundation der Standorte wurzelt die Schwierig-

keit, diese vierte Litoralformation gegen die entsprechenden des Binnenlandes abzugrenzen. Für uns soll sie durch obige 14 Arten genügend vertreten sein. Denn mag auch nur deren Hälfte absolut an salziges Substrat
gebunden sein, so erscheinen sie doch als der eigentliche Grundstock der
Genossenschaft und wirkliche Halophyten. Auch echte Hygrophilie tragen sie deutlich zur Schau in ihrer geringen systematischen Originalität
und jenem Mangel an Verwandtschaft untereinander und mit der übrigen
Flora des Landes, den man oft in hygrophilen Formationen beobachtet und
auf einleuchtende Gründe zurückgeführt hat: die außerordentliche Vermehrungskraft und Verbreitungsfähigkeit durch kleine Samen und Vogelflug, der bei Litoralen besonders ins Gewicht fällt. So occupieren die Nachbarn jedes Neuland, ehe die einheimische Binnenflora Zeit zu den nötigen
Umformungen gewinnt, deren die Colonisten entraten können, da sie ja
das Leben ihrer Heimat überall in ähnlichster Weise fortzusetzen vermögen.

Wie wenig biologisch Eigentümliches man erwarten darf, zeigt schon
die systematische Analyse. Das Wasserbedürfnis auf Salzboden führt noch
zu Succulenz und Speicherung (durch dreischichtige Epidermis bei *Eryngium*,
Speichertracheiden bei *Samolus*), aber Xerophytenbau ist nur an *Leptocarpus* ausgeprägt. Dessen eingesenkte Stomata und der Filz lückenlos
verflochtener Fächerhaare auf der Blattoberhaut führt aber GILG[1] als
Gattungscharaktere an, sodass man sie als vererbte Eigentümlichkeiten
werten muss. Wie sich überhaupt die drei Restionaceen Neuseelands als
augenscheinlich uralte Relicte zu Anpassungsstudien wenig eignen. Im
ganzen besteht das Schutzbedürfnis gegen Austrocknung nicht mehr so
lebhaft wie auf den Dünen; lehrreich ist dafür im Blattbau *Scirpus frondosus* mit *S. maritimus* zu vergleichen. Die Assimilationsbedingungen sind
sogar sehr günstig, wie sich in häufiger Isolateralität einer lacunösen
Lamina erkennen lässt (*Glyceria*, *Eryngium*, *Samolus*).

Halophyten im Binnenland.

Wo dem Pflanzenteppich des inneren Neuseelands litorale Euclaven eingestreut sind, scheint gewöhnlich in der chemischen Natur des Standorts die bestimmende Ursache zu liegen. Hoher Gehalt an ClNa und NaSO₄
ist direct durch Analyse (s. HECTOR Hb. 106) festgestellt bei den berühmten
Quellen des Rotoruadistricts, an deren warmen Sinterufern *Leptocarpus*
und *Chenopodium* wuchern. Ansehnlichere Colonien von Salzpflanzen im
unteren Waikatothal und um den Tauposee verdanken neben physischen
auch wohl geologischen Gründen ihr Bestehen. Für beide Gebiete wies
nämlich HOCHSTETTER[2] sehr junges Alter nach, und man wird KIRK

1) E. GILG, Beiträge zur vergl. Anatomie der Restiaceen. ENGL. Bot. Jahrb. XIII
1891). S. 602.
2) F. v. HOCHSTETTER, Neu-Seeland S. 171.

unbedenklich zustimmen können, der in ihren Halophyten die Reste
einstigen Strandlebens erblickt. Auch auf der Südinsel hat man an zwei bis
drei Punkte Dünengewächse bemerkt, z. B. *Zoysia, Salsola* und *Myosurus*
im Ida Valley; über die Bodenqualität dieses abflusslosen Thalkessels ist
man zwar nicht unterrichtet; doch wird er für ein altes Seebecken ge-
halten, bei dessen Austrocknung der Grund möglicher Weise chemische
Modificationen erlitten hat.

III 6. Hygrophyten der offenen Ebene.

Wie es für unsere Zwecke genügt, sollen hier alle nassen Standorte
der offenen Ebene gemeinsam auf ihre Pflanzendecke untersucht werden,
ohne Moor, Sumpf, Flussufer u. s. w. gesondert zu betrachten. Bei solcher
Definition haben wir eine recht ansehnliche Artenzahl dieser Vegetations-
componente einzureihen:

Lomaria lanceolata Spr.
L. alpina Spr.
L. membranacea Col.
Nephrodium thelypteris L.
N. unitum R. Br.
N. molle Desv.
Nephrolepis tuberosa Presl
Gleichenia circinnata Sw.
G. dicarpa R. Br.
G. dichotoma Willd.
Schizaea fistulosa Lab.
Sch. dichotoma Sw.
Lycopodium laterale R. Br.
L. cernuum L.
L. ramulosum Kirk
Sparganium angustifolium R. Br.
Typha angustifolia L.
T. latifolia L.
Apera arundinacea Hook. f.
Isachne australis R. Br.
Ehrharta Thomsonii Petrie
Hierochloa redolens R. Br.
Arundo conspicua Forst.
Cyperus ustulatus A. Rich.
Scirpus triqueter L.
S. prolifer R. Br.
S. riparia R. Br.
S. cartilaginea R. Br.
S. aucklandica Hook. f.
S. basilaris Hook. f.
S. sphacelata R. Br.
S. gracilis Hook. f.
Schoenus axillaris Hook. f.
Sch. apogon R. et Sch.
Cladium glomeratum R. Br.

Cladium teretifolium R. Br.
C. articulatum R. Br.
C. Gunnii Hook. f.
C. junceum R. Br.
C. Sinclairii Hook. f.
Uncinia leptostachya Raoul
Carex teretiuscula Good.
C. virgata Sol.
C. vulgaris Fr.
C. subdola Boott
C. ternaria Forst.
C. Buchanani Berggr.
C. dipsacea Berggr.
C. cirrhosa Berggr.
C. divaricata Cheesem.
C. Novae Zeelandiae Petrie
C. testacea Sol.
C. flava L.
C. disticha Sol.
Lepyrodia Traversii F. v. M.
Juncus communis E. Mey.
J. planifolius L.
J. bufonius L.
J. lamprocarpus Ehrh.
J. Novae Zeelandiae Hook. f.
J. vaginatus R. Br.
J. australis Hook. f.
Luzula australasica Steudel
Anguillaria Novae Zeelandiae Hook. f.
Phormium tenax Forst.
Cordyline australis Hook. f.
Astelia grandis Hook. f.
Thelymitra uniflora Hook. f.
Pterostylis Banksii R. Br.
P. micromega Hook. f.

Pterostylis foliata Hook. f.
P. trullifolia Hook. f.
P. Olivieri Petrie
⌐ *Spiranthes australis* Lindl.
| *Urtica incisa* Poir.
[|] *Rumex flexuosus* Forst.
( ) *Alternanthera sessilis* R. Br.
— *Ranunculus plebejus* R. Br.
R. macropus Hook. f.
| *R. rivularis* B. et S.
○ *Nasturtium palustre* DC.
(⌐) *Drosera stenopetala* Hook. f.
| *D. pygmaea* DC.
⌐ *D. spathulata* Lab.
| *D. binata* Lab.
Crassula Sinclairii Hook. f. u. a. A.
○ *Callitriche verna* L.
| *Elatine gratioloides* Cunn.
Melicytus micranthus Hook. f.
Viola hydrocotyloides Armstrong
V. filicaulis Hook. f.
Eugenia Maire A. Cunn.
| *Epilobium pallidiflorum* Sol.
| *E. Billardierianum* Sol.
E. rotundifolium Forst. u. a. A.
⌐ *Halorrhagis micrantha* R. Br.
Gunnera prorepens Hook. f.
G. monoica Raoul
G. ovata Petrie
Nothopanax anomalus (Hook. f.) Seem.
( ) *Hydrocotyle asiatica* L.
— *H. americana* L.
H. moschata Forst.
H. heteromera DC.

Hydrocotyle Novae Zeelandiae DC.
[_] *H. elongata* A. Cunn.
| *H. muscosa* R. Br.
| *Sebaea ovata* R. Br.
( ) *Dichondra repens* Forst.
Myosotis Forsteri Hook. f.
Tetrachondra Hamiltonii Petrie
Mimulus radicans Hook. f.
| *Gratiola sexdentata* A. Cunn.
|_ *G. latifolia* R. Br.
○ *Limosella aquatica* L.
| *Glossostigma elatinoides* Benth.
Veronica canescens Kirk
Utricularia protrusa Hook. f.
[|] *U. Novae Zeelandiae* Hook. f.
U. monanthos Hook. f.
[|] *U. subsimilis* Col.
Plantago Raoulii DC.
Coprosma Cunninghamii Hook. f.
|_ *Nertera depressa* B. et S.
N. setulosa Hook. f.
⌐ *N. Cunninghamii* Hook. f.
— *Lobelia anceps* Thunb.
Pratia angulata Hook. f.
[|] *P. perpusilla* Hook. f.
Lagenophora Forsteri DC.
L. linearis Petrie
L. pinnatifida Hook. f.
Gnaphalium keriense A. Cunn.
| *Craspedia Richea* DC.
Cotula Maniototo DC.
C. dioica Hook. f.
C. squalida Hook. f.

In dieser Tabelle spiegeln sich die oben (S. 215) berührten Verbreitungsregeln hygrophiler Formationen mit großer Klarheit: die Genera mit wenigen Ausnahmen ubiquitär, besonders auf der Südhemisphäre formenreich (*Cladium*, *Drosera*, *Hydrocotyle*, *Cotula*); die Arten zwar zur Hälfte endemisch, aber untereinander und mit Formen der nächsten Festländer aufs engste verwandt. Scharf prägen sich hier die seit Sir J. Hooker's Werken oft discutierten Beziehungen Neuseelands zu seinem Nachbarcontinent aus: kommen doch von den Hygrophyten der Waldregion etwa 20 % nur noch in Australien vor.

An isolierten Typen ist die Formation außerordentlich arm; trotzdem bleibt die Herkunft ihrer Glieder dunkel, und die Entscheidung schwierig, ob gemeinschaftlicher Besitz mit entfernten Florengebieten von transmariner Verbreitung oder Erhaltung aus früheren Erdperioden herrühre. Bei dem sicher hohen Alter vieler Hygrophyten ist letzteres nicht unmöglich, aber von einzelnen Fällen (*Pterostylis*!) abgesehen das minder wahrscheinliche.

Für derartige Probleme sind die 5 Pteridophyten zu beachten, die sich unter den 8 oben als tropisch bezeichneten Arten befinden: *Lycopodium cernuum* ist auf dem Nordwestzipfel mit seiner feuchten, milden Wärme verbreitet und erscheint dann mit Überspringung eines bedeutenden Areals wieder um die Quellen der Rotoruagegend, wo es in fast dampfgesättigter heißer Atmosphäre vegetiert. Hier gesellen sich dem Bärlapp die vier anderen Tropenfarne zu, die sonst in Neuseeland fehlen: ein augenfälliges Beispiel für die bekannte Verbreitungsfähigkeit ihrer Sporen, da die Relictdeutung hier ganz ausgeschlossen scheint: müssten doch sonst noch andere Glieder einer einstigen Tropenflora in der Treibhausluft des Geisirdistrictes ihr Leben fristen. Doch nach solchen sucht man vergebens.

Durch Mehrung und Erleichterung des Gaswechsels den Kohlensäuregewinn so ausgiebig als möglich zu machen und die Nährsalze rasch an den Ort des Verbrauches zu heben, das sind die Bedürfnisse, die bekanntlich Physiognomie und Organisation der Hygrophyten beherrschen. An Wasser mangelt es nie, und damit fallen die oft so störenden Bedenken der Wasserökonomie. Glumifloren und Juncaceen erreichen in einem System breiter Luftcanäle wirkungsvolle Durchlüftung; auch das Blatt von *Phormium* durchziehen solche Röhren, in der Jugend mit Mark gefüllt, das je nach dem sehr wechselnden Standort dieser häufigen Liliacee Neuseelands später obliteriert oder zeitlebens sich erhält. Bei den Dikotylen verlieren die inneren Lufthöhlungen wesentlich an Bedeutung gegenüber der äußeren Receptionsfläche, denn durchweg ist die Oberhaut sehr dünnwandig, die Spaltöffnungen meist beiderseits zahlreich (*Hydrocotyle*, *Dichondra*, *Mimulus*, *Gratiola*, *Plantago*, *Pratia*) und zuweilen vorgewölbt (*Lomaria*, *Juncus novaezelandiae*); endlich bei *Hydrocotyle*-Arten und *Lagenophora pinnatifida* sieht man mehrzellige zarte Trichome bei der Gasaufnahme thätig. Das Assimilationsgewebe ist bei den Monocotylen meist isolateral gefügt. Es sind fast sämtlich hochwüchsige Pflanzen, welche volle Insolation empfangen und die von ihnen beschatteten dikotylen Kräuter im Lichtgenuss so erheblich schmälern, dass dort im Chlorenchym dorsiventraler Bau nötig geworden ist.

Dafür entschädigen die großen Cyperaceen und Liliifloren ihren Niederwuchs reichlich in mechanischer Hinsicht durch die äußerst biegungsfesten Constructionen ihre Halme und Blätter. Vor allem *Phormium tenax*, die Charakterpflanze der stürmischen Niederungen Neuseelands, wird an Qualität des Stereoms und widerstandsfähiger Verteilung seiner Elemente von wenigen Gewächsen der Erde erreicht[1]).

Zum genügenden Verständnis sämtlicher Einzelheiten wäre detailliertere

---

1) Vergl. Schwendener, Das mechanische Princip. Leipzig 1874. S. 79 u. a.

Bekanntschaft mit den Standortsverhältnissen aller Hygrophyten erforderlich, als sie aus der Litteratur bis jetzt zu schöpfen ist. Sehr problematisch sind z. B. *Melicytus* und *Nothopanax anomalus*, die zu den wenigen Sträuchern der Formation gehören und oft nebeneinander das Sumpfland mit dichtem Gestrüpp überziehen. Systematisch sind beide auf Neuseeland nicht isoliert, aber von ihren Gattungsgenossen, die sämtlich im Walde leben, haben sie sich habituell ebenso vollständig entfernt, wie sie einander ähnlich geworden sind: nun kann man sie ohne Blüten kaum mehr unterscheiden. Gegen die verwandten Gehölze des Waldes ist ihr Stamm niedriger, die zarten Blätter ca. zehnmal kleiner geworden, ohne an Zahl zugenommen zu haben: es sieht so aus, als hätten die einschneidenden Änderungen der Lebensweise, die ein Umzug aus dem Urwald auf die sonnenhelle windige Flur mit sich bringen muss, ganz einseitig durch Reduction auf die Vegetationsorgane gewirkt, und so die frappante Convergenz geschaffen. Näherer Untersuchung ist sie jedenfalls wert; namentlich wäre zu beachten, ob die Wohnplätze während der regenärmeren Jahreszeit austrocknen, da sich manche Arten unter solchen Verhältnissen ausgebildet haben können. Wie etwa auch einige xerophil gebaute Glumifloren (z. B. *Cladium glomeratum* mit starker kryptoporer Oberhaut und derbwandiger Schutzscheide mit doppelschichtigem Außenpanzer) oder *Lepyrodia Traversii* F. v. M., die durch sehr complicierte stomatäre Einrichtungen das Eindringen trockener Luft in das lacunöse Chlorenchym des blattlosen Stengels verhütet, wie es Gilg[1]) näher beschrieben hat. Übrigens rechnet man diese seltsame Restionaceae vielleicht besser als Litoralrelict im Binnenlande den Halophyten zu, wofür ihre bisher bekannten Standorte (Chatam Island, Moore des Waikato-Districts) zu sprechen scheinen.

IV 7. Grasflur.

In den waldfreien Ebenen wechseln sumpfige Stellen, wo die Hygrophytenflora des vorigen Abschnittes lebt, mit wasserärmeren Strichen ab, die hauptsächlich mit Gramineen bestanden sind. Ohne dass der Graswuchs so zusammenhängend wäre wie auf unseren Wiesen, treten die übrigen Componenten doch sehr gegen ihn zurück. Die Grenzen gegen hygrophile Formationen und Triftbestände sind durchaus künstliche:

○ *Ophioglossum vulgatum* L.	○ *Agrostis canina* L.
❘ *Phylloglossum Drummondii* Kunze	❘ *A. quadriseta* R. Br.
○ *Botrychium cicutarium* Sw.	*A. tenella* Petrie
;) *Paspalum scrobiculatum* L.	⊃ *Deschampsia caespitosa* P. Beauv.
❘ *Echinopogon ovatus* P. Beauv.	*Trisetum antarcticum* Trin.
Agrostis aemula R. Br.	❘ *Poa anceps* Forst.
❘ *A. Billardieri* R. Br.	*P. australis* R. Br. v. laevis Hook. f.
,❘);*A. arenoides* Hook. f.	*P. intermedia* Buchanan

---

1) l. c. 561. Taf. IX. 1—3.

○ *Festuca duriuscula* L.
　　Triticum multiflorum B. et S.
| *Carex inversa* R. Br.
　C. *Colensoi* Boott
　C. *lucida* Boott
] C. *breviculmis* R. Br.
○ *Luzula campestris* L.
.]] *Prasophyllum Colensoi* Hook. f.
　　Lyperanthus antarcticus Hook. f.
　Lepidium Kirkii Petrie
| *Drosera auriculata* Buckl.
— *Acaena Sanguisorbae* Vahl

- - *Pelargonium australe* Willd.
○ *Hypericum gramineum* Forst.
⊃ *H. japonicum* Thunb.
　Viola Cunninghamii Hook. f.
[*Daucus brachiatus* Sieb.
| *Gentiana montana* Forst.
　Mentha Cunninghamii Benth.
　Siphonidium longiflorum Armstrong
　Brachycome pinnata Hook. f.
　Cotula minor Hook. f.
　C. *filiformis* Hook. f.

Das Verhältnis der endemischen Arten zu den weiter verbreiteten ist ähnlich dem bei den Hygrophyten: 20 % Kosmopoliten, 10 % auf der südlichen Halbkugel allgemein, 24 % noch in Australien. Mehrere fallen durch vorzügliche Verbreitungsfrüchte in die Augen: *Ophioglossum* und *Botrychium*, *Acaena* mit stacheliger Fruchtkugel, *Pelargonium* durch seine Granne und *Daucus* mit dichtem Hakenbesatz der kleinen Früchte.

Biologisch ist zunächst das Vorkommen einiger Annuellen bemerkenswert, die in Neuseeland bei der Gleichmäßigkeit des Klimas äußerst selten und sämtlich nichtendemisch sind. *Agrostis Billandieri* wird auf trockenem Boden einjährig, dauert aber auf feuchtem aus. *Agrostis aemula*, *Echinopogon*, *Daucus*, *Gentiana montana* sind stets annuell und von dem gewöhnlichen zarten Bau dieser kurzlebigen Gewächse. Dass im Sommer der Boden zuweilen an Wasserarmut leidet, äußert sich auch an den Stauden sehr deutlich. Die wichtigsten Bestandteile der Formation, *Poa anceps*, dem P. *australis* sehr nahe steht, und *Festuca duriuscula* tragen alle drei in ihren einrollungsfähigen Spreiten die Signatur von Steppengräsern; doch variieren die localen Formen dieser Arten zu sehr je nach den klimatischen Verhältnissen, als dass auf Grund von Herbarmaterial nähere Einzelheiten mitzuteilen wären. In den hohen (bis 0,9 m) Rasen dieser Gräser finden die übrigen Pflanzen der Flur wesentlichen Schutz gegen Sonne und Wind. Ihr Bau ist zarter und richtet sich nur gegen vorübergehenden Wassermangel mit jenen Mitteln, die für die Dünenpflanzen näher beschrieben wurden: inneres Wassergewebe (*Phylloglossum*), hohe Epidermen (*Paspalum*, *Triticum*, *Acaena*), mit Ausstülpungen (*Agrostis aemula*) u. s. w. Bei *Prasophyllum Colensoi* umscheidet die untere Hälfte der Spreite den Stengel so dicht, dass Spaltöffnungen auf der Innenseite überflüssig werden und für das chlorophyllarme Schwammgewebe die Hauptfunction in Wasserspeicherung gelegt scheint.

Mechanisch spiegelt sich das zeitweilige Austrocknen lehmigen Bodens z. B. im radial druckfesten Bau der Wurzel von *Lepidium Kirkii*, wo Stereombündel concentrisch angeordnet das Rindenparenchym durchziehen.

V. Wald.

Allgemeines.

a. **Verbreitung.** Seit jeher ist von Neuseelands Pflanzenwelt der Wald die bestbekannte Formation, in Zusammensetzung sowohl als in der Verbreitung, die zunächst betrachtet werden soll. Mit Benutzung der englischen Karten konnten die von Waldbeständen eingenommenen Areale der Insel auf Taf. III ziemlich vollständig dargestellt und durch Eintragung der Isohyeten mit den klimatischen Factoren in Vergleich gestellt werden. Am auffallendsten tritt sogleich die trockene Leeseite der Südalpen durch ihre Waldarmut hervor; und dass hierbei wirklich das Klima im Spiele ist, erkennt man an den scheinbaren Ausnahmen: die wenigen Wälder nämlich, die östlich vom Gebirge sich ausbreiten, liegen sämtlich in local begünstigten Districten: so dringen sie mit den reicheren Niederschlägen von Süden her in die Südostecke Otagos vor; so existieren einige Parzellen unweit Christchurch gerade im Bereich der feuchten Winde, denen die Alpensenkung des Arthurpasses Durchlass gewährt (s. S. 208); endlich auf Banks Peninsula, deren Berge (900 m) reichlicher bewässert als die Ebenen darunter, einen schönen Waldkranz am Südabfall nähren. Man könnte angesichts dieser Thatsachen eine jährliche Regensumme von mindestens 75 cm für Bedürfnis der waldbildenden Gewächse halten. Diese Annahme stellen aber die Zustände auf der Nordinsel in Frage; denn dort zeigen sich nur die höchsten Vulkanketten noch als Wetter- und Waldscheiden, sonst sind manche Gebiete trotz relativ geringen Regens von großen Waldungen bedeckt. Ferner compliciert sich die ganze Frage dadurch, dass schon vor der britischen Colonisation besonders im Norden die Eingeborenen durch Abbrennen ausgedehnte Bestände gerodet hatten, die sich nie regenerierten. Einige Forscher (ARMSTRONG, MUNRO) vertreten daher die Ansicht, noch in historischer Zeit sei ganz Neuseeland bewaldet gewesen, und erst dem Menschen die Zerstörung durch Feuer gelungen, wenn auch nur in den trockenen Gebietsteilen. Sie stützen sich dabei auf Funde halbfossiler Stämme, die gelegentlich in jetzt völlig waldlosen Gegenden gemacht wurden. Solche Stämme aber erhalten doch erst Wert für uns, wenn sie zahlreicher beisammen in situ angetroffen werden, da sonst Anschwemmung und andere Zufälligkeiten nicht ausgeschlossen sind; vor allem aber vermisst man den Nachweis quartären Alters der betreffenden Schichten. Es fehlt daher nicht an competenten Stimmen, denen der radicale Erfolg jenes Sengens über so weite Territorien hin wenig einleuchten will. Beispielsweise äußert J. HECTOR über die Provinz Otago, die seine verdienstvollen Reisen erschlossen haben, »es sei sehr unwahrscheinlich, dass ihre Ebenen je andere Vegetation als Gras und niederes Gebüsch getragen hätten« (NZI. I, 157 ff.). Ob sie nun wirklich seit ihrem Bestehen nie bewaldet waren, ist höchst zweifelhaft; aber für die jüngste Entwickelungsperiode Neuseelands muss

man Hɪcroʀ rückhaltlos zustimmen; einige Thatsachen, die ihm Recht zu
geben scheinen, werde ich weiterhin beibringen, um im Schlussabschnitt
noch einmal in anderem Zusammenhange auf die Waldfrage zurückzukommen. Vorerst nur noch der Hinweis, dass die kleinen Wäldchen bei Christchurch, die von J. F. Aʀʀsτʀoɴɢ (NZl. II, 118 ff.) floristisch beschrieben und
für Überbleibsel »jenes großen Waldes« erklärt werden, »der zweifellos
früher Canterburys Ebenen bedeckte«, keine einzige eigentümliche Pflanze
beherbergen, vielmehr sich aus den gewöhnlichsten Typen der nächst-
liegenden Waldgebiete recrutieren, — im Gegensatz zu der eigenartigen
und offenbar viel ursprünglicheren Flora, die auf der benachbarten Bankshalbinsel die Bergwälder ziert. Sie möchte ich eher für relict halten, die
von Christchurch sind zweifellos jüngere Colonien.

b. Physiognomie. Bunte Fülle verschiedenartigster Gehölze, reich
geschmückt mit Lianen und Epiphyten, Stauden und Moosen: das ist in
den meisten Revieren das Gepräge des neuseeländischen Waldes. Nur in
einigen Gebieten der Südosthälfte macht der Mischwald einförmigen *Nothofagus*-Beständen Platz, die gleich unseren Buchen nur wenig Unterholz dulden, in denen man auch vergeblich nach vielen Lianen und Epiphyten
fahndet. Wie die Entfaltung der Gattung im südlichsten Amerika documen-
tiert, nehmen sie mit weit geringerer Wärme vorlieb als die Bäume des
Mischwaldes. Da sie zugleich widerstandsfähiger gegen Fröste sind, haben
sie in den höheren Lagen der Waldregion alle Concurrenten verdrängt und
bilden auf der ganzen Alpenkette der Südinsel die Baumgrenze; namentlich
im bergigen Centrum der Provinz Nelson dominieren sie nach Mᴜɴʀo allgemein und verdichten sich dort zu Beständen von ansehnlicher Ausdehnung.

Diese *Nothofagus*formation biologisch vom Mischwald zu sondern,
verbietet sich bei der geringen Zahl und schwachen Eigentümlichkeit
ihrer Componenten. Als specifische Buchenbegleiter werden nur *Plagianthus Lyallii*, *Pimelea Gnidia*, *Nothopanax lineare*, *N. Colensoi* citiert;
für die obersten Lagen der Waldzone charakteristisch, stellen sie sich erst
bei 6—700 m ein und gehen z. T. in krüppelhaften Formen auf die Alpenregion hinüber.

(V1) 8. Gehölze.

a. Beziehungen zu anderen Floren.

Die formenreichste und mannigfachst gegliederte Gruppe der Waldflora
besteht aus den Gehölzen. Für ihre pflanzengeographische Charakteristik
empfiehlt es sich, zunächst keine weitere Unterabteilung vorzunehmen,
sondern die Verwandtschaftsverhältnisse der gesamten Genossenschaft zu
studieren. Da hier die ferneren Beziehungen Berücksichtigung fordern, wurden auch den Gattungen Verbreitungsangaben beigefügt.

1) *Cynthea*   *C. Cunninghamii* Hook. f.
   — *medullaris* Sw.   — *dealbata* Sw.

Hemitelia .
— Smithii Hook. f.
, Alsophila .
¯ ¯ Colensoi Hook. f.
¯¯ Dicksonia
— squarrosa Sw.
| — antarctica R. Br.
— lanata Col.
⌐ Agathis 'nur N.-Austr.! ,
— australis Salisb.
¯ Libocedrus
— Doniana Endl.
Podocarpus
— ferruginea Don
— Totara A. Cunn.
— Hallii Kirk
— spicata R. Br.
— dacrydioides A. Rich.
¯¯ Dacrydium (in Austr. nur Tasm. !)
— cupressinum Sol.
— intermedium Kirk
— westlandicum Kirk
— Kirkii F. v. M.
⌐ Phyllocladus (in Austr. nur Tasm.!).
— trichomanoides Don
— glauca Carr.
¯¯ Kentia
[°] — sapida (Sol.) Drude
( ) Cordyline
— Banksii Hook. f.
— indivisa Kunth
¯ Macropiper
° — excelsior (Forst.) Miq.
¯ Ascarina
— lucida Hook. f.
L Nothofagus
— cliffortioides Hook. f.
— Solandri Hook. f.
— Blairii Kirk
[L] — Menziesii Hook. f.
— fusca Hook. f.
— apiculata Col.
¯ Paratrophis
— Smithii Cheeseman
— heterophylla Blume
| Persoonia
— Toro A. Cunn.
¯ Knightia
— excelsa R. Br.
| Fusanus
— Cunninghamii Hook. f.

( ) Pisonia
°⌐ — excelsa Blume
-- Drimys (excl. Afrika !)
[°] axillaris Forst.
⌐ Hedycarya
— dentata Forst.
¯ Laurelia
— Novae Zeelandiae Hook. f
⌐ Litsea
— Tangao (R. Cunn.) DC.
( ) Beilschmiedia
— Tarairi Hook. f.
— Tawa Hook. f.
Lrerba
— brexioides A. Cunn.
⌐ Quintinia
— elliptica Hook. f.
— serrata A. Cunn.
¯ Carpodetus
— serratus Forst.
⌐ Ackama
— rosaefolia A. Cunn.
Weinmannia
— silvicola B. et S.
— racemosa Forst.
Pittosporum
— tenuifolium B. et S.
— obcordatum Raoul
— eugenioides A. Cunn.
○̄ Sophora
º — tetraptera Ait.
ⁿ Carmichaelia
— australis R. Br.
|· Phebalium
| | — nudum Hook. f.
¯ Melicope
ⁿ — ternata Forst.
— simplex A. Cunn.
Corynocarpus
— laevigata Forst.
⌐ Dysoxylon
— spectabile Hook. f.
|ⁿ Pennantia
— corymbosa Forst.
⌐ Alectryon
— excelsum DC.
⌐ Elaeocarpus
— Hookerianus Raoul
— dentatus Vahl
L Aristotelia
— racemosa Hook. f.

Entelea
— *arborescens* R. Br.
| *Plagianthus*
— *betulinus* A. Cunn.
— *Lyallii* Hook. f.
Hoheria
— *populnea* A. Cunn.
° *Melicytus*
° — *ramiflorus* Forst.
— *macrophyllus* A. Cunn.
— *lanceolatus* Hook. f.
|° *Hymenanthera*
° — *latifolia* R. Br.
⌐ *Pimelea*
— *longifolia* B. et S.
— *Gnidia* Forst.
⌣ *Myrtus* [+ 1 Medit., 1 Borneo].
— *bullata* B. et S.
— *Ralphii* Hook. f.
— *obcordata* Hook. f.
— *pedunculata* Hook. f.
} *Metrosideros*
— *lucida* Menz.
__ *Fuchsia* § *Skinnera*
— *excorticata* L. f.
ᵤ˜ *Meryta*
— *Sinclairii* Hook. f.
⌐ *Schefflera*
— *digitata* Forst.
__ *Pseudopanax*
— *crassifolius* (Sol.) K. Koch.
— *ferox* (Kirk) Harms
— *Lessonii* (DC.) Seem.
⌐ *Nothopanax* (in Austr. nur Tasm.!).
— *Colensoi* (Hook. f.) Seem.
— *arboreus* (Forst.) Seem.
— *Sinclairii* (Hook. f.) Seem.
— *simplex* (Forst.) Seem.
— *Edgerleyi* (Hook. f.) Harms
— *lineare* (Hook. f.) Harms
__ *Griselinia*
— *lucida* Raoul.
Corokia
— *buddleoides* A. Cunn.
⌐ *Dracophyllum*
— *latifolium* A. Cunn.

D. Urvilleana A. Rich.
| *Archeria* (Tasm.!).
— *racemosa* Hook. f.
⌐ *Styphelia* § *Leucopogon*
— *fasciculata* A. Rich.
⌐ *Myrsine*
— *salicina* Hook. f.
— *Urvillei* DC.
— *divaricata* A. Cunn.
° *Olea* § *Gymnelaea*
° — *apetala* Vahl
— *Cunninghamii* Hook. f.
— *lanceolata* Hook. f.
— *montana* Hook. f.
°⌐ *Geniostoma*
— *ligustrifolium* A. Cunn.
| *Veronica* § *Hebe*
— *diosmaefolia* R. Cunn.
— *ligustrifolia* A. Cunn.
— *parviflora* Vahl
— *arborea* Buchanan
— *salicifolia* Forst.
[ᵤ] *Rhabdothamnus*
— *Solandri* A. Cunn.
⌣ *Coprosma*
— *grandifolia* Hook. f.
— *lucida* Forst.
— *robusta* Raoul
— *tenuifolia* Cheesem.
— *spathulata* A. Cunn.
— *rotundifolia* A. Cunn.
— *tenuicaulis* Hook. f.
— *rhamnoides* A. Cunn.
— *parviflora* Hook. f.
— *rigida* Cheesem.
— *rubra* Petrie
— *linearifolia* Hook. f.
— *foetidissima* Forst.
[ ] *Alseuosmia*
— *macrophylla* A. Cunn.
— *quercifolia* A. Cunn.
— *linearifolia* A. Cunn.
— *Banksii* A. Cunn.
— *pusilla* Col.
[ ] *Brachyglottis*
— *repanda* Forst.

Das Hauptresultat dieser Liste liegt im Nachweis eines hochgradigen Endemismus unter den Waldgehölzen. Etwa 435 Arten enthält das neuseeländische Gebiet (das neben dem Hauptland die Inselchen östlich und südlich davon umfasst). Davon kehrt *Sophora tetraptera* in Südamerika wieder, 3 Farne in Polynesien bezw. Ostaustralien (Sporen!), während 8 Species noch auf Norfolk und Lord Howe Island leben. Der ganze Rest, 94 %, ist endemisch. Für die pflanzengeographische Discussion ergiebt sich daraus die Notwendigkeit, zurückzugreifen auf Verbreitung und Verwandtschaft der Gattungen.

1. Paläotropisches Element.

Aus einem einzigen Gebiete wurden eben mehrere Parallelen zur neuseeländischen Waldflora mitgeteilt, von Norfolk und Lord Howes Insel, die auch Glieder anderer Formationen (*Phormium*) und manche Tiere allein mit Neuseeland teilen. Mehr und mehr hat sich daher die durch Lotungen gestützte Auffassung befestigt, den Landzusammenhang mit diesen zwei fernen Inseln für die letzte Communication zu halten, die zwischen Neuseeland und seiner Umgebung bestand. WALLACE fand auf den jetzigen Trümmern dieses früheren Landcomplexes die Tierwelt ähnlich genug, um sie als »neuseeländische Subregion« seines australen Faunengebietes zu vereinen. Auch die Pflanzendecke »Groß-Neuseelands«, wie die WALLACE'sche Subregion gekürzt benannt sein mag, erweist am Besitz systematisch völlig isolierter Typen ihren einstigen Zusammenhang; besonders unzweideutig an *Streblorrhiza* von Norfolk und *Carmichaelia* auf Lord Howe und in Neuseeland, deren Fruchtbau allen übrigen Papilionaten fremd ist. Es reihen sich solchen Specialitäten enge Beziehungen zu Neukaledonien (*Knightia*, *Meryta*) und den Südseeinseln des Ostens (*Piperales*) an. Aber das Gros der Flora klingt wie die ganze melanesich-polynesische an die heutige Pflanzenwelt des südöstlichsten Asiens an, geradeso wie dasselbe Faunenelement all diese Länder beherrscht. Überall triumphiert der WALLACE-sche Gedanke[1]) eines austromalesisch-melanesischen Continents, der zwei lange Ausläufer nach Süden sandte: Ostaustralien-Tasmanien und Groß-Neuseeland, beide schon in frühester Vorzeit geschieden von der tiefen Tasmansee. Durch Meeresinvasion wurde später die östliche Halbinsel mehr und mehr zerstückelt, auch der Westen etwas umgestaltet, und die ursprüngliche Flora ging in den nun isolierten Ländern verschiedener Zukunft entgegen: Hier blieb sie rein und bildete sich vielseitig weiter, dort mischte sie sich mit anderen Floren oder ward von ihnen verdrängt: allseits aber waren die Verluste unermesslich. Aufs klarste illustriert den ganzen Verlauf die Unähnlichkeit des australischen und neuseeländischen Waldes: Sämtliche Gattungen, die Neuseeland mit dem Nachbarcontinent gemein hat, tragen Subtropengepräge als Reste jener Continentalflora, die beide von Norden empfingen, wo auch heute noch alle außer *Fusanus* existieren.

Es würde sich uns daher das Florenverhältnis von Ostaustralien zu

---

Neuseeland ähnlich darstellen, wie das Japans zu Nordamerika, wenn sich
die Pflanzenwelt Neuhollands ebenso ungestört hätte entwickeln können
wie die japanische. Das verhinderte aber die neogene Vereinigung Ostaustraliens mit dem bisher insularen Westen. Sie zog eine neue Con-
stellation der klimatischen Factoren nach sich, die in gewissen Pflanzen-
gruppen, vielleicht vorwiegend westlichen, enormen Aufschwung hervorrief,
der sich noch steigerte durch die Eröffnung weiten Neulands, das aus dem
Zwischenmeere emporstieg. Von Westen her erfolgte ein Angriff auf die
östlichen Tropenpflanzen, der manche bald aus der Heimat drängte. Nach
beiden Seiten wichen sie aus, teils zum Äquatorialgebiet, teils nach Tasmanien, wo man deshalb heute nördliche Subtropengewächse wiedersieht,
die im ganzen Zwischenlande fehlen (*Phyllocladus, Nothopanax* u. a., s. o.).
Dass sie aber auch dort einst lebten und ausstarben, ist nicht bloß Vermutung, sondern für *Phyllocladus* durch fossile Funde auf dem Festlande
erwiesen, wo sie in Miocänschichten zusammenlagert mit echt indonesischen Typen, noch nirgends aber mit *Banksia*, *Eucalyptus* etc. Ähnliches
Schicksal wie sie ereilte auch z. B. *Araucaria Johnstoni* F. v. M. wahrscheinlich, die aber selbst in Tasmanien dem Untergang nicht entrann, da sich
heute nur ihr Grab dort noch findet.

Alle bisher betrachteten Genera ($\urcorner$°, | $\urcorner^-$ z. T.) können als paläo-
tropisches Element im neuseeländischen Walde gelten. Von der Gesamtzahl sind es 55%, denen aber noch die 10 ebenbürtigen Endemismen
+ 15% zuzurechnen sind. Zwar kennt man deren wohl z. T. ausgestorbene
Verwandte nicht sicher; doch kommen bei *Rhabdothamnus* z. B. nur *Coro-
nanthera* Vieill. (9 Kaledonien) und *Negria* F. v. M. (Lord Howe Island) in
Betracht, die systematisch als *Gesneraceae Coronantherinae* zusammen-
gehören; bei den übrigen ist man ebenfalls Verhältnisse anzunehmen be-
rechtigt, die nach Norden deuten.

Es erweist sich somit das paläotropische Element von eminenter Bedeutung für den Wald. Ihm verdankt Neuseelands Vegetation guten Teils
den Charakter, der sie DRUDE[1] »als südlichstes Glied der melanesischen
Flora betrachten« lässt, »welche am besten bei der Celebesstraße WALLACE'S
beginnt«; — eine so lange unanfechtbare Auffassung, als man sich der erheblichen Modificationen bewusst bleibt, die ganz heterogene Einflüsse in
Neuseeland geschaffen haben.

Noch ein Wort über die Verbreitung des paläotropischen Componenten
auf Neuseeland selbst. Das ganze Gebiet haben wenige Gattungen (*Paratrophis, Carpodetus, Melicytus*) erobert, die meisten bewohnen ausschließlich die
Nordinsel, oft bloß den Nordwestzipfel, manche selbst dort nur kleine Be-
zirke (*Meryta Sinclairii*). In dieser Erscheinung liegt wiederum ein Finger-
zeig, dass die reiche Stammflora des Elementes im Norden entfaltet war,

---

[1] O. DRUDE, Handbuch der Pflanzengeographie. Stuttgart 1890. S. 452.

wo man noch andere Reste auf Lord Howe Island, Norfolk und besonders zahlreich in Neukaledonien antrifft. Weiter aber beweist die interessante Waldcolonie der Bankshalbinsel, an deren Hängen *Kentia*, *Macropiper*, *Corynocarpus*, *Alectryon* und *Corokia buddleoides* weit abgeschnitten von ihrem Hauptareal einen durch Feuchtigkeit begünstigten Punkt erfolgreich verteidigt haben, dass einst der subtropische Wald weiter nach Süden reichte als heute. Welche Agentien ihn zurückgedrängt haben, wird erst nach Analyse der übrigen Formationen im letzten Abschnitt erwogen werden können.

2. *Altoceanisches Element.*

Einige von den in der Liste mit 1 oder ⫍ markierten Gattungen fasst man der Verbreitung ihrer Familie zufolge besser als altoceanische statt paläotropische Elemente auf. *Persoonia*, *Pimelea*, *Archeria*, *Styphelia*, *Dracophyllum* — 7 % der Gehölze — würden etwa dieser Kategorie zufallen. Von Südamerika ausgeschlossen, gehören sie am altoceanischen Stamm einem rein australen Zweige an, der vermutlich früher als die paläotropischen Typen in den südpacifischen Gebieten zu Hause war.

Für Neuseelands Waldvegetation sind sie weit weniger wichtig als der »antarktische« Bestandteil der altoceanischen Holzflora, der 23 % ausmacht. Das sind Sippen, die teilweise auf der ganzen südlichen Halbkugel zerstreute Vertreter haben, oder wenigstens auch in Südamerika und Südaustralien resp. Tasmanien (*Dacrydium*, *Nothofagus*, *Aristotelia*) vorkommen. *Libocedrus* und *Sophora* fehlen sogar am ganzen Rande des Stillen Oceans nur den australischen Küsten, wo sie vielleicht mit *Phyllocladus* ausgestorben sind. Endlich giebt es einige Genera, die Neuseeland allein mit Südamerika gemein hat.

Die möglichen Landverbindungen, die manche dieser Beziehungen fordern, sind schon von mehreren Forschern erörtert worden: alle nehmen größere Landstrecken in der Antarktis an und schreiben ihnen milderes Klima als heute zu; aber während sich z. B. WALLACE, TRAVERS, ENGLER mit Insulargebieten begnügen und die Verbreitung der fraglichen Organismen durch Vögel und Wind entstanden denken, haben andere für continuierlichen Zusammenhang Südamerikas mit Neuseeland und Ostaustralien plaidiert.

In auffallendem Gegensatz zum paläotropischen Element, dessen Reihen sich in den Waldungen Neuseelands nach Süden zu rapide lichten, zeichnet sich das antarktische durch weit gleichmäßigere Occupation des Landes aus. Sämtliche Genera und viele Arten erstrecken ihr Areal über alle Teile der Doppelinsel, nur *Nothofagus* scheint die äußerste Nordspitze nicht zu erreichen.

b. Biologie und Organisation.

Schon aus der systematischen Composition des Waldes kann man vorwiegend subtropischen Charakter in Physiognomie und biologischem Gepräge entnehmen. Denn die monotonen *Nothofagus*-Bestände der südlichen Berge verschwinden an Ausdehnung hinter dem wechselvollen Mischwald der ganzen Nordinsel und Westküste, wo Gehölze mannigfacher Höhe, vom niedrigsten Strauche bis zu hochragenden Bäumen gesellig dem moosgrünen Boden entsprossen. Je nach ihrem Wuchse wirken Wärme und Feuchtigkeit, Luft und Licht in ungleichem Maße auf sie ein, und die klimatischen Unterschiede benachbarter Districte helfen mit, dieselbe Art hier zum ansehnlichen Baume zu treiben, wenige Meilen davon nur als mäßigen Strauch noch gedeihen zu lassen. Eine Gruppierung der Gehölze nach biologischen Gesichtspunkten begegnet unter diesen Umständen erheblichen Schwierigkeiten, und ich habe es vorgezogen, nur die niedrigsten Büsche als Unterholz abzusondern, die übrigen Gehölze dagegen nach grossen systematischen Einheiten zu ordnen, die sich zugleich physiognomisch total von einander entfernen.

1. Coniferen.

Unter den Fürsten des Waldes stehen an Zahl und Wichtigkeit die Coniferen oben an, ob sie gleich niemals so reine Bestände bilden wie ihre Verwandten auf der nördlichen Halbkugel, sondern überall in Gesellschaft des Laubholzes wachsen.

Über ihre Organisation kann man sich kurz fassen: Die dichtdachigen, schuppenförmigen Assimilationsorgane von *Libocedrus*, *Podocarpus dacrydioides* und der *Dacrydium*-Arten, nicht minder die breiteren von *Agathis*. *Podocarpus* und *Phyllocladus* zeigen den bekannten Xerophytenhabitus der Nadelhölzer: Wachsüberzug, starke Cuticula, tiefe Einsenkung der Stomata, bei *Libocedrus* Verlegung in die windgeschützten Rinnen der Doppelnadel, subepidermale Bastbelege und im Innern wasserspeicherndes »Querparenchym« — das alles in Gegenden reichster Niederschläge und hoher Luftfeuchtigkeit! Tschirch [1]) bespricht diese »Ausnahmestellung« der Gymnospermen mit dem Hinweis auf den unvollkommenen Bau der Schließzellen, die deshalb »vielleicht anderweitigen Schutzes von vorn herein auch in feuchten Klimaten bedürfen«. Daneben wird zu bedenken sein, dass diese Klasse sich aus ältesten Erdperioden gerade durch ihre große Anpassungsfähigkeit an die trocknere Atmosphäre der Jetztzeit lebenskräftig erhalten hat, wenigstens in den temperierten Zonen. — Wie dem nun sein mag, man soll Tschirch's Satz, »die Stomata dürften mit den nach dem Angiospermentypus gebauten Spaltöffnungen nicht unmittelbar verglichen werden«, dahin erweitern, dass überhaupt bei ihnen nicht erwartet werden kann, die Reactionen des Organismus auf exogene Einflüsse noch in gleicher

---

1) A. Tschirch, Über einige Beziehungen d. anatom. Baues d. Assimilationsorgane zu Klima und Standort, mit spec. Berücksichtigung des Spaltöffnungsapparates. Halle 1881. S. 20 f.

oder so deutlicher Weise zu sehen, wie sie sich hei den jüngeren Angiospermen allerseits offenbaren.

2. Angiospermen.

Nicht weniger überraschend wie die systematische Mannigfaltigkeit
der angiospermen Gehölzflora, deren 64 Genera (140 Sp.) aus 39 Familien
stammen, ist die große Einförmigkeit ihrer Physiognomie. Das Blatt fast
überall lederig, mit wenigen Ausnahmen oberseits glänzend, ganzrandig
und von stumpf-eiförmiger Gestalt — kurz durchgehende Ähnlichkeit, die
eine noch nicht ganz übersehbare Correspondenz der Form mit den wichtigsten Lebensbedingungen verrät. Unzweifelhaft die Hauptbedürfnisse
— das ergiebt der subtropische Habitus — sind hohe Feuchtigkeit und
gleichmäßige Temperatur: beides ja vom Klima überreich geboten. Darum
teilen die Gehölze ausnahmslos mit den Verwandten wärmerer Länder das
immergrüne Laub, dessen unausgesetzte Thätigkeit der milde Inselwinter
auch in höheren Breiten erlaubt. Aber so weit sich das Klima von echt
tropischem entfernt, so sehr steht die Üppigkeit des Waldes, gleich der
Mangrove, hinter der Pflanzenfülle zwischen den Wendekreisen nach.
Nur ganz wenige Formen des nördlichsten Neuseelands erinnern in der
Dimension ihrer Spreiten an die Tropen (*Pisonia, Entelea, Meryta*); sonst
treten alle hinter den nördlichen Stammesgenossen durch weit schwächere
Laubentfaltung zurück: das belegen beispielsweise sehr deutlich *Pittosporum* oder *Melicytus*, deren Blätter schon auf Norfolk doppelte Größe er-
reichen.

Wasserversorgung. Oben wurde bereits angeführt, wie vielen
Waldbäumen die leichten Julifröste im mittleren Neuseeland Halt gebieten;
eine Mahnung daran, dass wir an der Grenze jener Zonen stehen, wo subtropische Wälder möglich sind. Schon im obersten Viertel der neuseeländer Waldregion, wo die Baumflora nur wenige Arten noch umfasst,
haben die rauheren Winternächte bei *Plagianthus Lyallii* den Laubfall erzeugt, der den schönen Baum vor Vertrocknen bewahrt, wenn seine
Wurzeln dem gefrorenen Boden kein Wasser mehr abzuringen vermögen.
Bis 900 m sah ihn J. v. Haast immergrün, darüber im Herbste seinen Laubschmuck sich verfärben. Wenn sonach in den tieferen Lagen die wirkungs-
vollste, aber auch einschneidendste und teuer erkaufte Maßregel gegen Kälte
und Austrocknen noch unnötig bleibt, und dauernde Einschränkung der
Verdunstung entbehrlich ist, so bringt doch auch hier die hohe Amplitude
der täglichen Wärme (S. 207) zeitweilig Wassermangel mit sich und verlangt entsprechende Structur der Gehölze. Wie in den Tropen unter sol
chen Umständen[1], findet sich daher kaum ein Blatt ohne wasserspeicherndes

---

[1] Vergl. G. Haberlandt, Anat.-physiol. Untersuchungen über das tropische Laub-
blatt. — Sitzber. K. Akad. Wiss. Wien. Math. naturw. Klasse C I. (1892). 78 S.

Gewebe, und aus naheliegenden Gründen besitzen sie die hochwüchsigsten
Bäume ganz allgemein und am vollkommensten. Wo nicht innere Hydro-
blasten (*Pisonia*) oder große Schleimbehälter (*Lauraceae, Malvaceae*) Wasser
sammeln, sorgt dafür eine mehrschichtige Oberhaut, bei *Dysoxylon* durch
Ausstülpung einzelner Zellen nach innen noch erweitert, oft mit mächtiger
Außenwand gepanzert. Die Zellen werden immer größer, ihre Radial-
wände dünner, je ferner sie der Oberfläche liegen und um so öfter sie damit
den Ansprüchen der saugenden Palissaden nachgeben müssen. Leichte
Communication mit den Leitbündeln wird überall deutlich angestrebt
(*Knightia*).

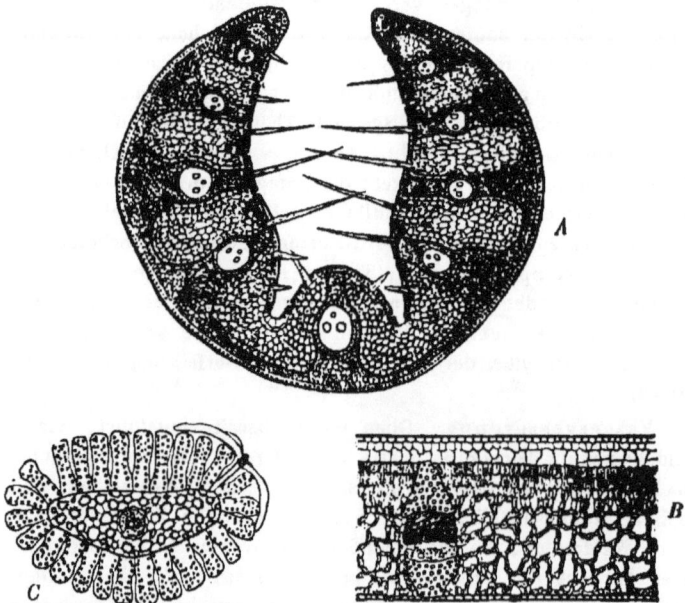

Fig. 1. Typen der Waldregion I. *A*. Dünengräser: *Festuca litoralis* R. Br. B. = ⁶⁰/₁.
— *B*. Waldgehölze: *Hymenanthera latifolia* R. Br. B. z. T. = ⁶⁰/₁ vergl. Fig. 2 *B*.
— *C*. Halbaquatische Waldkryptogamen: *Hymenophyllum Malingii* Hook. f. Assimi-
lationsorgan = ⁶⁰/₁.

Bei den kleineren Gehölzen (unter 10 m), dem stärksten Contingent
der Waldflora, beherrschen dieselben Principien den Blattbau; nirgends
vermisst man den voluminösen Wassermantel, sei er nun mehrschichtig,
oder aus einer hohen Zelllage hergestellt (vgl. Fig. 1 *B*).

Assimilation. Ist nun stetige Inundation des Chlorenchyms erzielt,
kann die Transpiration unbehindert vor sich gehen. Der Gasverkehr
bewegt sich durch Stomata, die unterseits die Epidermis unterbrechen,
ohne besondere Schutzeinrichtungen zu besitzen. Nur bei empfindlichen

Arten des Nordwestens (*Persoonia*, *Meryta*) sichern bei Bedarf starke Cuticularleisten dichten Verschluss. Das schwache Licht des Urwalds wird durch Horizontallage (und dorsiventralen Bau) des Blattes nach Möglichkeit ausgenutzt: fast ausnahmslos teilt sich typisches, oft hohes und dichtes Palissadengewebe in den Raum des Blattes mit sehr lacunösem Schwammparenchym, das vielfach nur als lockeres Maschenwerk von Zellfäden in den Durchlüftungskammern sich ausspannt (z. B. *Hedycarya*, *Nothopanax Edgerleyi*, vgl. auch Fig. 1 *B*).

Festigung. Die hohen Ansprüche langlebiger Blätter auf Biegungsfestigung sind eben so verständlich, wie die Schutzbedürftigkeit der Leitbündel und vor allem des zartgebauten, luftreichen Schwammgewebes gegen Deformation bei Turgorschwankungen. Größere Mannigfaltigkeit in der Anordnung des Stercoms schließt die Monotonie der Blattform aus: überwältigend herrscht als offenbar allerseits wertvoller Constructionsmodus das System der I-förmigen Träger, die Ober- und Unterseite verbinden (Schwendener's 3. Typus), im Laube der Gehölze vor. Vielfach sieht man dabei sehr instructiv die allgemeine Regel erläutert, dass die nach der Oberfläche strebenden Gurtungen vor dem Hypoderm zurücktreten müssen (z. B. an *Knightia*).

Besondere Erwähnung als Festigungseinrichtung verdienen die Tafelwurzeln der *Laurelia Novae Zelandiae*. Dieser hohe Baum (45 m) wächst nur in Sumpfwäldern, auf deren weichem Boden jene Strebepfeiler gegen Entwurzelung wichtige Dienste leisten.

Abnorme Gehölze.

Zur Vervollständigung des biologischen Bildes erübrigt es, einige vom dominierenden Typus abweichende Gehölze vorzuführen. So fallen die zwei *Beilschmiedia* durch Mangel des Wassergewebes auf, wofür sie Strebezellen (*B. Tarairi*), vertiefte Stomata (*B. Tawa*), palissadenähnliches Schwammgewebe und unten Wachsbelag aufweisen. Zur Ausbildung dieser Besonderheiten trägt wahrscheinlich die beträchtliche Höhe beider Lauraceen am wirksamsten bei (30 m); sie überragen die Genossen fast alle, und ihre Wipfel sind Wind und Sonne exponiert. Xerophiles Gepräge tragen ferner die kleinen Liliaceenbäume der Gattung *Cordyline*: obwohl sie, nur 5 m hoch, in dichtem Schatten wachsen, überdachen Cuticularhöcker ihre in Rinnen gelegten Stomata auf ähnliche Art, wie auch in den starren Schwertblättern des *Dracophyllum latifolium* der Gasverkehr reduciert wird. Den fremdartigen Monokotylenbau dieser Epacridacee aus den gegenwärtigen Existenzbedingungen zu verstehen, scheint überhaupt vorläufig ausgeschlossen; und wie bei den Coniferen müssen wir in erster Linie wohl hereditäre Einflüsse dafür verantwortlich machen.

Eine kurze Schlussbetrachtung sei endlich den Araliaceenhölzern des Waldes gewidmet wegen der merkwürdigen Metamorphose ihres Laubes in verschiedenem Lebensalter. Nach der eingehenden Beschreibung Kirk's [1]) sind bei *Pseudopana.v crassifolius* die Primärblätter häutig und tief gezähnt bis fiederspaltig. Ihnen folgen kurz gestielte starre, ca. 0,025 — 0,5 m lange, schmal-lineale Gebilde, deren Fläche etwa zu einem Fünftel von der mit mächtigem Stereom belegten Mittelrippe eingenommen wird, täuschend ähnlich manchen Proteaccenblättern; sie sind fast vertical nach unten gekrümmt und verleihen dem jungen Baume ein seltsames Aussehen. Zu etwa 4 m Höhe herangewachsen, geht er in ein neues Stadium über: es treten langgestielte, 3—5 zählige Spreiten auf, wobei die Blättchen noch ähnlich der vorigen Form, doch weniger starr und mit anders gestalteten Zähnen besetzt sind. Endlich erscheinen dann (nach etwa 20 Jahren) die definitiven Blätter, kurzgestielt, lederig, mit wenigen oder keinen Zähnen, horizontal gerichtet und dem Laube der meisten Gehölze nicht mehr unähnlich. Sehr beachtenswert ist nun, dass das zweite Stadium auf der Chatamsinsel fehlt, das dritte überhaupt nur in den nördlichen Districten festgestellt wurde. Das sind aber gerade diejenigen Phasen, deren biologisches Verständnis auf Schwierigkeiten stößt. Denn der Schlusszustand entspricht ja der Regel, und für die häutige Textur und scharfe Zähnung der jüngsten Blätter könnte man an die Wirkung ungestörter Transpiration im feuchten Moosgrund des Waldes denken, wo die kleinen Pflänzchen ihre ersten Jahre verbringen. Die beiden mittleren Stadien fehlen auch bei *Nothopanax*, wo die dünnen tief fiederspaltigen Primärphyllome sogleich von den dicklederigen, einfachen Folgeblättern abgelöst werden. — Das Auffallendste an dieser Heterophyllie besteht darin, dass nicht wie in allen ähnlichen Fällen ein Fortschritt von einfachen zu complicierten Phyllomen statthat, sondern umgekehrt die hohe Formdifferenzierung des Jugendlaubes später Reduction erfährt. Schon dadurch wird hier Wiederholung der Phylogenie wenig wahrscheinlich; auch die Beschränkung der Mittelstufen auf gewisse Gegenden spricht mehr für Epharmose, etwa in der vorher bedeuteten Richtung. Endgiltige Entscheidung jedoch setzt eingehendere Untersuchungen in der Heimat voraus.

3. Baumfarne.

In der Physiognomie des Waldes wetteifern auf der ganzen Insel mit den Siphonogamen die Baumfarne, zumal sie sich einer bemerkenswerten Anpassungsfähigkeit an verschiedenes Feuchtigkeitsmaß erfreuen. Am härtesten sind *Alsophila* und die 3 *Dicksonien*, deren starres Laub, wie Tschirch [2]) für *D. antarctica* ausführt, durch mehrere der bekannten Mittel »schon einige Trockenheit vertragen kann«. Auch *Cyathea dealbata* bewohnt, gleich manchen Verwandten der Tropen, mitunter nicht so dumpfige Stellen, als es die übliche Vorstellung von den Baumfarngründen vermutet,

---

1) T. Kirk, Forest Flora p. 59—62. Tab. 38—38 D.
2) Beziehungen etc. S. 213.

sondern ziert auch buschige Hügel und lichte Bachufer : ihre Spaltöffnungen sind eingesenkt, und die Unterseite des Laubes glänzt silberweiß von Wachs überzogen. Ein ausgeprägtes Wassergewebe hat sie mit *C. Cunninghamii* gemein, die aber ganz feucht wohnt, kein Wachs braucht und die Stomata vorwölbt. Ihr ganz ähnlich ist *Hemitelia Smithii* ausgestattet, deren weiche Wedel in graciösem Bogen über die Bäche dunkler Waldschluchten sich neigen.

(V2) 9. Unterholz.

Wohl nur wenige der strauchigen Waldpflanzen Neuseelands, die man als Unterholz zusammenfassen würde, verleugnen jene Neigung baumartig zu werden, die längst an vielen Inselvegetationen und tropischen Hochgebirgsfloren aufgefallen und teils der Gleichmäßigkeit des Klimas [1]), teils dem Mangel an Concurrenz zugeschrieben worden ist. Mit der mannigfachen Abstufung beider Factoren auf Neuseeland infolge localer Einflüsse geht, wie bereits eingangs bemerkt, außerordentliche Variabilität im Wuchse all seiner Gehölze Hand in Hand. Jede Definition des Unterholzes ergiebt sich daher von vornherein als künstlich; selbst wenn wir ihm hier nur solche Arten zurechnen, die in der Regel strauchig bleiben, so rechtfertigt sich diese Abgrenzung lediglich aus praktischen Gründen. Denn auch der anatomische Bau des hohen Waldbaumes wandelt sich in lückenloser Übergangsreihe zum Typus des kleinen Gehölzes um, wo bei unveränderter Blattform im Inneren alle besonderen Vorkehrungen gegen Wasserverlust geschwunden sind : die Epidermen der dünnen Blätter nirgends mehr zweischichtig ; ihre Stomata ungeschützt oder selbst vorspringend (*Rhabdothamnus*); das Chlorenchym dorsiventral.

Einigermaßen von der Normalen divergieren nur wenige Gehölze des Ostens, die zum Teil baumartige Formen feuchterer Striche zu vertreten scheinen : so *Myrtus obcordata* und *Myrsine divaricata* mit winzigen, lederigen Blattflächen. *Pittosporum obcordatum*, auf dem Banks-Vorgebirge endemisch, ist weitaus die kleinlaubigste Waldform dieser Tropengattung, in deren weitem Verbreitungsgebiete sie freilich einen der kühlsten Districte besiedelt.

(V3) 10. Stauden des Waldes.

Loxsoma Cunninghamii R. Br.	⌐º *A. fulvum* Raoul
Davallia Novae Zelandiae Col.	) *A. aethiopicum* L.
⌐ *Lindsaea linearis* Sw.	⌐º *Hypolepis tenuifolia* Bernh.
⌐ *L. trichomanoides* Dryander	*H. distans* Hook.
L. viridis Col.	*H. millefolium* Hook.
⌐º *Adiantum affine* Willd.	º *Pellaea rotundifolia* Forst.
⌐ *A. Cunninghamii* Hook.	⌐º *P. falcata* Forst.
⌐" *A. hispidulum* Sw.	⌐º *Pteris tremula* R. Br.

---

1) Vergl. Fr. Hildebrand, Die Lebensweise und Vegetationsweise der Pflanzen, ihre Ursachen und ihre Entwickelung. — Engler's Bot. Jahrb. II. S. 101 ff.

⌐° *P. Endlicheriana* Ag.
  P. scaberula A. Rich.
  P. macilenta A. Rich.
( ) *P. incisa* Thunb.
⌐ *Lomaria Patersoni* Spr.
⌐° *L. discolor* Willd.
  L. dura Moore
[_] *L. Banksii* Hook. f.
⌐ *L. vulcanica* Blume
[⚇] *L. procera* (Forst.) Spr.
  L. nigra Col.
| *L. fluviatilis* (R. Br.) Spr.
  L. Fraseri Cunn.
( ) *Asplenium bulbiferum* Forst.
–· *A. australe* Brack.
O *A. aculeatum* Sw.
⌐ⁿ *Nephrodium decompositum* R. Br.
_ _ *N. glabellum* A. Cunn.
  N. velutinum Hook. f.
| *N. hispidum* Hook.
( ) *Polypodium rugulosum* Lab.
  P. pennigerum Forst.
·– *Todea barbara* Moore
  T. superba Hook.
  T. hymenophylloides Hook. f.
⌐ *Gleichenia flabellata* R. Br.
  G. Cunninghamii Heward
L *Lycopodium clavatum* L. v. *magellani-
  cum* Hook. f.
⌐ *Panicum imbecille* Trinius
  Microlaena avenacea Hook. f.
| *M. stipoides* (Lab.) R. Br.
  Deschampsia tenella Petrie
  Danthonia Cunninghamii Hook. f.
| *Poa imbecille* Forst.
  Asprella gracilis Hook. f.
[|] *Gahnia setifolia* (A. Rich.) Hook. f.
  G. lacera Steud.
  G. xanthocarpa Hook. f.; u. a. A.
  Uncinia australis Pers.
  U. ferruginea Boott
  U. caespitosa Boott
  U. Banksii Boott; u. a. A.

Carex appressa R. Br.
" *C. Neesiana* Endl.
  C. vacillans Sol.
| *C. Forsteri* Wahlenb.
  Luzula picta Less. & A. Rich.
  Cordyline diffusa Col.
  Arthropodium candidum Raoul
  Astelia trinervis Kirk
  Libertia grandiflora Sw.
  L. micrantha A. Cunn.
  Pterostylis emarginata Col.
  P. graminea Hook. f.
  Adenochilus gracilis Hook. f.
  Corysanthes triloba Hook. f.
  C. oblonga Hook. f.
  C. rotundifolia Hook. f.
  C. rivularis Hook. f.
  C. macrantha Hook. f.
  C. Cheesemanii Hook. f.
  Gastrodia Cunninghamii Hook. f.
| *G. sesamoides* R. Br.
| *Australina pusilla* Gaud.
  Dactylanthus Taylori Hook. f.
  Stellaria parviflora B. & S.
  S. elatinoides Hook. f.
| *Cardamine stylosa* DC.
ⁿ *C. hirsuta* L.
  Geum parviflorum Comm.
[|] *Donia punicea* B. & S.
| ⁿ *Hibiscus divaricatus* Jacq.
  Epilobium pubens Less. & Rich.
| ° *Solanum aviculare* Forst.
  Calceolaria Sinclairii Hook. f.
  C. repens Hook. f.
  Nertera dichondraefolia (A. Cunn.) Hk. f.
  Galium umbrosum Forst.
[⌐] *Pratia physaloides* Hook. f.
| *Erechtites prenanthoides* DC.
| *E. arguta* (A. Rich.) DC.
  Senecio latifolius B. & S.
  S. glastifolius Hook. f.
  S. perdicioides Hook. f.

Unter den krautigen Pflanzen des feuchten Waldes gehört etwa die Hälfte den Pteridophyten an. Schließen wir sie von der pflanzengeographischen Betrachtung aus, so bestätigen sich nur die bei den Gehölzen gewonnenen Resultate, und der Artendemismus ist wenig geringer anzuschlagen (80%), wobei ins Gewicht fällt, dass auch Bewohner von Waldrändern und Aushauen mitzählen, die zum Teil mit Hilfe guter Verbreitungsfrüchte erst in jüngerer Zeit Bürgerrecht erworben haben dürften (*Solanum avicu-*

lare, Erechtites von Australien?).   Weniger wahrscheinlich ist das von
den zahlreichen endemischen Orchideen, die zwar sämtlich mit australischen verwandt sind, aber wie die Hauptmasse der neuseeländischen
Orchideenflora einem mit Neuholland gemeinsamen Grundstock autochthon
entsprossen scheinen (*Neottiinae- Thelymitreae, - Diurideae, - Pterostylideae,
-Caladenieae!*).   Sonst finden sich in den Verbreitungsverhältnissen
zahlreiche Parallelen zu den Gehölzen: *Fuchsia* entspricht genau *Calceolaria*, von der bislang isolierten *Pratia physaloides* kennt man neuerdings eine
nahe Verwandte Indonesiens, und in *Dactylanthus*, die mit *Hachettea* von
Neukaledonien eine selbständige Unterfamilie der *Balanophoraceen* bildet,
existiert ein sehr bemerkenswerter Rest der alten Continentalflora, der sich
eng an die Verbreitung der *Coronantherinae* etc. anschließt (s. S. 226).

Im inneren Bau bieten diese Arten das gewöhnliche Bild echter
Schattenpflanzen.   In der Wasserversorgung sind sie vielleicht von allen
Landgewächsen am günstigsten situiert; doch ist die Lichtintensität schwach
und der Kohlensäurevorrat der Atmosphäre im pflanzenreichen Urwald
geringer als über offener Flur.   Daher denn Ausdehnung der Assimila-
tionsfläche als leitendes Moment erscheint: die dünnen Spreiten von *Pratia
physaloides* und *Solanum aviculare* gehören zu den größten, die auf Neuseeland
überhaupt vorkommen.   Die Stomata wölben sich oft vor, besonders bei
den *Pteridophyten*.

(IV4) 11. Thallophyten, Moose, Hymenophyllaceen.

Reicher Kryptogamenflor überzieht den Boden des Mischwaldes, Stämme
und Astwerk seiner Bäume und das Felsgestein der schattigen Gründe, —
wie in allen feuchten Erdgebieten, wo Algen und Flechten, Moose und
Hymenophyllaceen ihre Fähigkeit, mit der ganzen Körperfläche unmittelbar
die Atmosphärilien aufzunehmen, recht eigentlich entfalten können. Kein
Wunder, dass auf Neuseeland, zumal im Westen, sich ganze Scharen aus
dem Kryptogamenheere vom terrestrischen Leben zu emancipieren und über
Felswände auf Baumrinden und glatte Äste zu wandern vermochten.

Die Erforschung dieses Mikrokosmos steht noch in den Anfängen; sein
Reichtum aber erhellt aus den Zahlen, die J. D. Hooker schon 1867 mit-
teilen konnte: *Lichenes* 215, *Hepaticae* 227, *Musci* 349 Species. Doch da
nähere Angaben über Standorte, Häufigkeit etc. bis jetzt nicht vorhanden
sind, muss leider auf die Thallophyten und Moose einzugehen verzichtet
werden. Nur um zu zeigen, dass ein Studium dieser Gewächse in der
Natur interessante Resultate verspricht, sei erlaubt, auf GOEBEL's Arbeiten
hinzuweisen [1]), in denen man auch von neuseeländischen Lebermoosepiphyten

---

1) K. GOEBEL, Pflanzenbiologische Schilderungen. Marburg 1889—93. 1. S. 182;
Archegoniatenstudien, Flora LXXVII. S. 415; Morphol. und biolog. Studien, Ann. jard.
Buitenzorg VII. S. 29.

eigenartige Anpassungen mitgeteilt findet. Überall handelt es sich dabei um Anlage von »Wassersäcken«, die den Regen längere. Zeit capillar an sich zu ketten vermögen, indem in mannigfachster Weise Blatteile oder Thallusstücke entsprechend umgebildet sind.

Die *Hymenophyllaceen* gehören auf Neuseeland zu den artenreichsten Familien; besser bekannt als die eben berührten Kryptogamen, kann die Zahl ihrer Species auf rund 60 angesetzt werden. Wie sich diese Farne Luft, Licht und Feuchtigkeit ohne Hilfe von Wurzeln mittelst »halbaquatischer« Anpassungen, d. h. Oberflächenvergrößerung, Dünnwandigkeit, Zerteilung des Blattes in hervorragender Weise dienstbar machen, ist bekannt, und letzthin von GIESENHAGEN detailliert dargelegt worden [1]. Er erwähnt auch bereits das neuseeländische *Hymenophyllum Malingii* und bringt eine Abbildung von seinem idealen Assimilationsorgan (Fig. 25), wo gewissermaßen der Höhepunkt erreicht ist, dem die ganze Hymenophyllaceenstructur zustrebt: es ist durch die assimilierenden Nerven (vgl. Querschnitt Fig. 1 C) ein System kleiner und kleinster Capillarräume geschaffen, in denen vermutlich kohlensäurehaltiges Wasser fortwährend das Assimilationsgewebe umspült, zumal Sternhaarfilz seine Verdunstung hindert. Der seltsame Farn, den man eigentlich als terrestrische Wasserpflanze bezeichnen muss, kriecht auf der Bruchfläche verrotteter Baumstümpfe hin; man bemerkt die Beleuchtungsdifferenzen dieses Standorts an leichter Dorsiventralität des Chlorenchyms. Die anderen minder vollkommenen Arten müssen der Transpiration möglichst ausweichen und im Walde sich die dumpfigsten und feuchtesten Plätze erwählen: *H. pulcherrimum* wächst nur auf der Unterseite der Äste, wo sie nie ein Sonnenstrahl trifft, andere schmiegen ihr Laub unter überhängende Felsen oder lassen sich zeitlebens vom Staube der Wasserfälle besprengen (*H. Armstrongii*); ein sehr beliebtes Heim ist namentlich auch der weiche, ständig durchfeuchtete Wurzelfilz, der die Baumfarnstrünke rings umgiebt. Nur wenige erfreuen sich einer gewissen Unabhängigkeit von permanenter Benetzung: Bei *H. scabrum* z. B. sammelt eine farblose Epidermis kleine Wasservorräte für Zeiten der Not an, und bei *Trichomanes reniforme* dürften in ähnlicher Weise die innersten der 4 Zelllagen thätig sein, die durch Chlorophyllarmut auffallen. Ohne sichtbaren Schutz überdauert *H. lophocarpum* trockene Tage: von den Wipfelzweigen der Bäume herabhängend rollt es sich bei warmem Wetter elastisch auf und scheint rettungslos verdorrt, bis man es von einem Regenguss benetzt seine Wedel zu neuem Leben ausbreiten sieht [2].

---

1) GIESENHAGEN, Die Hymenophyllaceen. In »Flora« LXXIII. 411 ff.
2) COLENSO NZI XVII. 255.

(V5) 12. Lianen.

Neuseelands Lianen sind größtenteils schon in Schenck's Monographie[1]) kurz aufgezählt und classificiert worden, wo auch bereits auf das niederschlagsreiche Klima als Hauptmotiv ihrer formenreichen und üppigen Entfaltung hingewiesen ist. Naturgemäß gehören sie der Mehrzahl nach zu den echten Waldbewohnern:

Rankenpflanzen.	Windepflanzen.	Wurzelkletterer.	Spreizklimmer.
Clematis hexasepala DC.	Lygodium articulatum A. Rich.	Lomaria filiformis A. Cunn.	Rubus australis Forst.
C. indivisa Willd.	Rhipogonum scandens Forst.	Freycinetia Banksii A. Cunn.	
C. Colensoi Hook. f.			
C. foetida Raoul	°Mühlenbeckia adpressa Lab.	Metrosideros florida Sm.	
C. quadribracteolata Col.			
C. parviflora Kunze	M. complexa Mßn.	M. albiflora B. & S.	
Tetrapathaea australis Raoul	Parsonsia capsularis(Forst.)Raoul	M. diffusa Sm. M. scandens B.& S.	
	P. heterophylla A. Cunn.	M. hypericifolia A. Cunn.	
	Ipomaea tuberculata R. & Sch.		
	Senecio sciadophilus Raoul		

Wie bei den übrigen Gehölzen ist hier der Endemismus der Arten fast allgemein; überhaupt beweist die systematische Zusammensetzung der Formation ihre ganz selbständige Entwickelung innerhalb Neuseelands (oder wenigstens Groß-Neuseelands). Schenck (S. 63), der zu gleichem Resultate kam, betont in dieser Hinsicht besonders die Myrtaceenfamilie: den ganzen Tropen in reicher Formenfülle angehörig, erzeugt sie doch nirgends auf der Erde Kletterarten, außer in Neuseelands Wäldern, wo freilich nur wenige schwache Widersacher ihr Emporstreben bekämpfen konnten.

Bei Neuseelands Lianen die Organisation des torsionsfähigen Stammes zu prüfen, fehlte es mir leider an Untersuchungsmaterial, und Schenck's umfassender Darstellung darüber etwas Neues zuzufügen bleibt demnach weiteren Forschungen vorbehalten. Neben jener eigentümlichsten Anpassung aber, die sich bei Schlinggewächsen unter dem Einflusse ihrer Lebensweise vollzieht, erleiden Sträucher tiefen Waldesschattens noch andere Modificationen, wenn sie allmählich zu Lianen werden. Mit dem erstrebten Lichtgenuss unmittelbarer Besonnung müssen sie ja ihre austrocknende Wirkung, erhöht noch von starker Luftbewegung, in Kauf nehmen, und sich demzufolge gegen temporäre Verdunstungsschäden in gleicher Weise wappnen, wie die Bäume, an denen sie zum Lichte gestiegen sind;

1) H. Schenck, Beiträge zur Biologie und Anatomie der Lianen. Jena 1892—93.

und es gilt hinsichtlich der Structur ihres Laubes demnach alles, was über die Gehölze oben gesagt wurde, ohne dass besondere Einrichtungen hinzukämen.

Ihre Adaptation an helles Sonnenlicht ist es auch, die vornehmlich die Lianen befähigt, unter Umständen den Wald ganz zu verlassen und auf der Flur sich wieder aufzurichten oder wenigstens ohne Stütze dort am Boden liegend weiterzuleben. Derartige Abkunft schien Schenck (S. 60) z. B. bei manchen Sträuchern der Campos sehr wahrscheinlich, und seine Auffassung fand volle Bestätigung in Warming's Beobachtungen auf den Steppen von Lagoa Santa. Für Neuseelands Vegetation wird auf diesen wichtigen Punkt später zurückzukommen sein.

(V 6) 13. Epiphyten und Felspflanzen des Waldes.

Die Congruenz der Daseinsbedingungen auf Baumästen und an Felsen geht bekanntlich weit genug, um in ihrer Bevölkerung fortwährend regsten Austausch zu veranlassen. Auf Neuseeland speciell scheint eine Scheidung beider Elemente unmöglich, sofern keine einzige der gleich zu besprechenden Arten ausschließlich auf Baumrinden lebt, alle gelegentlich auch in Felsritzen ihre Wurzeln schlagen.

Auf Grund des Hooker'schen Handbuchs hat schon Schimper [1] eine Liste der neuseeländer Epiphyten mitgeteilt, die ich aus den neueren Arbeiten noch um einige Species bereichern kann. Andererseits wurden die hierhergehörigen Bryophyten und Hymenophyllaceen ihrer abweichenden Organisation halber oben den terrestrischen angeschlossen (S. 235).

⌐ Asplenium falcatum Lam.	A. spicata Col.
A. bulbiferum Forst.	— Enargea marginata B. & S.
⌐ A. flaccidum Forst.	[⌐ Earina mucronata Lindl.
( ) Aspidium coriaceum Sw.	[⌐] E. autumnalis Lindl.
·· Grammitis australe Hook. f.	[; Dendrobium Cunninghamii Lindl.
Polypodium Grammitidis R. Br.	Bolbophyllum pygmaeum (Sm.) Lindl.
| ° P. tenellum Forst.	° B. exiguum F. v. M.
⌐° P. rupestre R. Br.	B. ichthyostomum Col.
·· P. Cunninghamii Hook.	Sarcochilus adversus Hook. f.
[° P. pustulatum Forst.	ⁿ Peperomia Urvilleana A. Rich.
| ° P. Billardieri R. Br.	⌐⌐⌐ Elatostemma rugosum A. Cunn.
Lycopodium Billardieri Spring	Pittosporum cornifolium A. Cunn.
·· L. varium R. Br.	P. Kirkii Hook. f.
| " Tmesipteris Tannensis Lab.	Metrosideros robusta A. Cunn.
( ) Psilotum triquetrum Sw.	M. Colensoi Hook. f.
Astelia Cunninghamii Hook. f.	Griselinia lucida Forst.
A. Solandri A. Cunn.	Gaultheria epiphyta Col.

In der Geographie der Epiphyten tritt dasselbe Phänomen wie bei den Lianen auf: nirgends hat sich in so hohen Breiten eine autochthone Epiphy-

---

1) A. F. W. Schimper, Die epiphytische Vegetation Amerikas. Jena 1888. S. 146.

tengenossenschaft constituiert, als in Neuseeland und an der südchilenischen
Küste. In den reichen Niederschlägen beider Länder auch hier die Ursache
zu suchen, liegt nahe, und kann untrüglich damit bewiesen werden, dass
auf Neuseeland einige Gewächse nach Südosten zu immer öfter terrestrisch
und endlich nirgends mehr als Epiphyten beobachtet werden. Dies Factum
ist den neueren floristischen Angaben und Excursionsberichten unschwer
zu entnehmen; zum Überfluss hebt es KIRK von *Metrosideros robusta* aus-
drücklich hervor.

Organisation. Der in der Epiphytenwelt so häufige Flächenwuchs,
zum Erwerb der nötigen Mineralsubstanz von Bedeutung, tritt sehr ausgeprägt bei mehreren Farnen Neuseelands, seinem *Bolbophyllum* und *Pepero-
mia* in die Erscheinung. Wichtiger noch ist die Aufnahme und gehörige
Conservierung des Wassers, so zwar, dass sich von dieser Aufgabe die Organisation der Epiphyten beherrscht zeigt. Die nach SCHIMPER höchst
stehende Gruppe, wo die Oberhaut zur directen Verwertung atmosphä-
rischer Niederschläge umgebildet ist, wird auf Neuseeland vielleicht durch
Astelia vertreten, doch muss sichere Entscheidung mangels frischen Mate-
rials den Forschungen in der Heimat überlassen bleiben. Die übrigen
Epiphyten dort wirtschaften mit der geringen Feuchtigkeit, die an der
Oberfläche der Wohnpflanze zur Verfügung steht; darum wird man weder
erstaunen über die außergewöhnliche Wasserepidermis vieler (*Metrosideros
robusta* 3-, *Griselinia* 4-schichtig), über die inneren Idioblasten bei *Earina*
und die schleimreichen Scheinknollen von *Bolbophyllum*, noch sich wundern,
von den bekannten Verdunstungsregulatoren mindestens einen bei jeder
Art angebracht zu finden. Besonders die Orchideen *Earina* und *Dendrobium*
haben härtere Xerophytenblätter als die meisten aus der Unzahl ihrer epi-
phytischen Stammesbrüder (Fig. 2 *A*). Erwägt man dazu ihre systematische
Isolierung auf Neuseeland, ihren alleinigen Anschluss an Formen der Insel-
welt innerhalb der Wendekreise, kann man sich kaum erwehren, auch sie
den Vegetationsresten des alten WALLACE'schen Continentes zuzurechnen.
Dort erwarben sie im feuchten Urwald allmählich die nötigen Anpassungen,
um sich aus der Tiefe des Unterholzes nach dem Lichte zu erheben; so
gerüstet flog dann der Staub ihrer Samen langsam den gemäßigten Strichen
zu, wo sie heute übrig geblieben sind. Denn so sicher einige der neuseeländischen Überpflanzen sich autochthon entwickelt haben, sind andere mit
Hilfe xerophiler Structur aus niederen Breiten den trockenen Gebieten des
Südens zugewandert, und haben in dieser Beziehung genau das gleiche
Schicksal gehabt, wie die Epiphyten Floridas und Argentiniens, deren
ausgeprägten Xerophytencharakter und tropischen Ursprung[1]) SCHIMPER in
einleuchtenden Connex brachte.

---

1) Die epiphyt. Vegetation Amerikas. S. 434 ff.

(V 7) 14. Loranthaceen.

Anhangsweise verdienen die halbparasitischen Loranthaceen Erwähnung, da sie mit 12 endemischen Arten verhältnismäßig formenreich die Waldungen Neuseelands schmücken:

Loranthus tetrapetalus Forst.	L. flavidus Hook. f.
L. Colensoi Hook. f.	L. Adamsi Cheeseman
L. micranthus Hook. f.	Tupeia antarctica Cham. & Schl.
L. Fieldii Buchanan	Viscum salicornioides A. Cunn.
L. decussatus Kirk	V. Lindsayi Oliver
L. tenuiflorus Hook. f.	V. clavatum Kirk

In der Anatomie folgen die *Loranthus*-Arten und *Tupeia* dem typischen Bau der Familie[1]. Die 3 *Viscum*-Arten gehören zur § *Aspiduxia* mit verkümmerten Blättern, deren Function den Sprossen zugefallen ist. Bei *V. salicornioides* sind diese cylindrisch; das Chlorenchym umgiebt in schmalem Saum ein farbloses collenchymatisches Grundgewebe, das als Wasserreservoir fungiert. Gefäßstränge mit Speichertracheiden durchsetzen es und stellen die Communication der Assimilatoren mit dem Leitsystem in ähnlicher Weise her, wie es Volkens[2] z. B. von Salsolaceen abbildet. Die beiden anderen Misteln haben blattartig verflachte Zweige, ohne sich im Inneren dieser Phyllokladien von *V. salicornioides* zu unterscheiden.

An Größe stehen alle drei *Aspiduxien* ganz erheblich hinter ihren im Monsungebiet heimischen Verwandten zurück; aufs deutlichste belegen sie wieder jene Reduction tropischer Formen in kühleren Gegenden, die wir bereits bei den Gehölzen zu erwähnen hatten (S. 229), die übrigens gerade bei Loranthaceen auch sonst markant hervortritt (*Arceuthobium pusillum* im östlichen Nordamerika; *A. minutissimum* im Himalaya bei 3000 m, die kleinste Dikotyle!).

VI 15. Triften.

Wo detaillierte Formationsgliederung bezweckt wird, muss die Vegetation der Triften zweifellos in mehrere Unterabteilungen gespalten werden. Hier mag es genügen, sie als die Pflanzendecke des trockenen offenen Landes zu definieren; dabei freilich nicht zu vergessen, dass die Standorte in einzelnen Zügen von beträchtlicher Verschiedenheit sind. So gehört z. B. das vulkanische Hügelland im Norden der Insel, von trockenem Lavageröll bedeckt, ebenso hierher, wie die sterilen waldlosen Districte des Landes, wo die geschlossene Grasnarbe der Wiese mangels ausreichender Berieselung von meilenweiten Farnheiden ersetzt ist, oder durch Gesträuchdickichte, die dem Wanderer das Bild des ostaustralischen Scrubs vors Auge

---

1) vergl. Engler in Pfl. III. 1. S. 158.
2) G. Volkens, Die Flora der ägyptisch-arabischen Wüste. Berlin 1887. Taf. XII. 4.

rufen, — wie weiter die Thon- und Mergelhöhen mit ihren dürren Hängen und endlich die ausgedehnten Schotterauen, die auf der Südinsel die Flussufer umranden. Auch bedarf es keiner Erwähnung, dass unmerkliche Übergänge zur Dünen-, Wiesen- und Felsflora hinleiten.

Die pflanzengeographische Analyse ergiebt für diese Formation einen eigentümlichen Gegensatz zwischen dem Nordwesten und Südosten der Insel, der durch die Anordnung der Tabelle von vorn herein wahrnehmbar gemacht sei:

Nur im Nordwestdrittel Neuseelands.	Auf der Insel fast allgemein verbreitet.	Nur im Osten, besonders Südosten.
ꟲ Doodia media R. Br.	○ Pteridium aquilinum (L.) Kuhn	Gaimardia minima Col.
ꟲ D. connexa Kunze		Triodia exigua Kirk
D. caudata R. Br.	| Asplenium flabellifolium Cav.	. Poa Lindsayi Hook. f.
| Schizaea bifida Sw.		A Uncinia compacta Br.
ꟲ Lycopodium densum Lab.	— Aspidium Richardi Hook.	Urtica australis Hook. f.
° Dichelachne sciurea (R. Br.) Hk. f.	ꟲ Lycopodium volubile Forst.	U. ferox Forst.
Schoenus Tendo B. & S.	L L. scariosum Forst.	A Exocarpus Bidwillii Hook. f.
Sch. tenax Hook. f.	| Dichelachne crinita (Lab.) Hook. f.	| Mühlenbeckia axillaris Hook. f.
| Sch. nitens Hook. f.	Microlaena polynoda Hook. f.	A M. ephedroides Hook. f.
| Lepidosperma concava R. Br.	|| Agrostis Youngii Hk. f.	A Clematis afoliata Buchanan
Gahnia arenaria Hk. f.	Danthonia bromoides Hook. f.	C. marata Armstrong
Cordyline Pumilio Hk. f.	ꟲ Triticum scabrum (Lab.) R. Br.	Ranunculus Enysii Kirk
Thelymitra intermedia Berggren	Carex comans Berggren	A Pittosporum rigidum Hook. f.
· T. fimbriata Col.	° Dianella intermedia Endl.	Rubus australis Forst. v. squarrosus Fritsch
|| T. imberbis Hook. f.	Phormium Colensoi Hk. f.	Acaena microphylla Hook. f.
T. Colensoi Hook. f. u. a. A.	| Hypoxis pusilla Hook. f.	A A. inermis Buchanan
| Orthocerus strictum R. Br.	Libertia ixioides Spr.	A Sophora prostrata Buchanan
| Prasophyllum pumilum Hook. f.	| Thelymitra longifolia Forst.	Carmichaelia Munroi Hook. f.
| Caleana minor R. Br.	° Microtis porrifolia (Sw.) Spr.	C. nana Col.
[|] Pterostylis puberula Hook. f.	|| Prasophyllum nudum Hook. f.	C. corrugata Col.
| P. barbata Lindl.	| Epiblema grandiflorum R. Br.	C. orbiculata Col.
Calochilus paludosus R. Br. (selten).	Caladenia minor Hk. f.	C. grandiflora Hook. f.
C. campestris R. Br. (selten).	| Scleranthus biflorus (Forst.) Hook. f.	C. pilosa Col.
[|] Cyrtostylis oblonga Hk. f.	| Crassula verticillaris (DC.) Schönld.	C. odorata Col.
Pittosporum pimeleoides R. Cunn.		\ C. flagelliformis Col.
| Pomaderris phylicifolia Lodd.		C. diffusa Petrie
		C. Kirkii Hook. f.
		A C. juncea Col.
		C. compacta Petrie
		A C. Enysii Kirk

Nur im Nordwestdrittel Neuseelands.	Auf der Insel fast allgemein verbreitet.	Nur im Osten, besonders Südosten.
	Pittosporum Colensoi Hook. f.	A *C. uniflora* Kirk
		A *C. Suteri* Col.
| *P. elliptica* Lab.	*Rubus australis* Forst.	A *Nothospartium Car-michaeliae* Hook. f.
| *Hydrocotyle pterocarpa*	[ ] *Geranium microphyllum*	
F. v. M.	Hook. f.	
Dracophyllum squar-	O *Oxalis corniculata* L.	|__ *Geranium sessiliflorum*
rosum Hook. f.	-- *Coriaria ruscifolia* L.	Cav.
| *Epacris purpurascens*	[|] *Viola Lyallii* Hook. f.	A *Discaria Toumatou*
R. Br. (selten).	*Pimelea prostrata* Vahl	Raoul
E. *pauciflora* A. Rich.	| *Leptospermum scopa-*	T *Aristotelia fruticosa* Hk.f.
| *Stylidium graminifolium*	*rium* Forst.	A. *Colensoi* Hook. f.
Sw.	L. *ericoides* A. Rich.	T *Hymenanthera crassi-*
Cassinia retorta	| *Epilobium junceum* Sol.	*folia* Hook. f.
A. Cunn.	E. *glabellum* Forst.	T *Epilobium confertifolium*
C. *leptophylla* (Forst.)	| *Haloragis alata* Jacq.	Hook. f.
R. Br.	⌐ H. *tetragyna* Lab.	A *E. microphyllum* A. Less.
	H. *aggregata* Buchanan	& Rich.
	[|] H. *depressa* (A. Cunn.)	A *Aciphylla squarrosa*
	Hook. f.	Forst.
	Azorella trifoliata	*Azorella hydrocotyloides*
	Hook. f.	Hook. f.
	Corokia Cotoneaster	T *Oreomyrrhis Colensoi*
	Raoul. .	Hook. f.
	| *Gaultheria antipoda*	*Angelica geniculata* Hk.f.
	Forst.	*Myosotis petiolata* Hk.f.
	G. *rupestris* (Forst.)	*Scutellaria Novae Ze-*
	R. Br.	*landiae* Hook. f.
	| *Styphelia Frazeri*	A *Veronica cataractae*
	A. Cunn.	Forst.
	| *S. Oxycedrus* Lab.	A V. *Bidwillii* Hook. f.
	| *Myosotis spathulata*	A V. *Lyallii* Hook. f.
	Forst. .	V. *pimeleoides* Hook. f.
	M. *australis* R. Br.	V. *Traversii* Hook. f.
	Teucridium parvi-	*Euphrasia cuneata*
	folium Hook. f.	Forst.
	| *Mazus Pumilio* R. Br.	E. *disperma* Hook. f.
	Galium tenuicaule	*Asperula perpusilla* Hk.f.
	A. Cunn.	A. *fragrantissima* Arm-strong
	," *Wahlenbergia gracilis*	*Brachycome odorata*
	(Forst.) A. Rich.	Hook. f.
	W. *saxicola* DC.	*Glossogyne Hennedyi*
	⌐ *Vittadinia australis*	R. Br.
	A. Rich.	*Olearia operina* (Forst.)
	| *Celmisia longifolia*	Hook. f.
	A. Cass.	O. *Forsteri* Hook. f.
	Olearia virgata Hook. f.	A O. *ilicifolia* Hook. f.
	Helichrysum glomera-	O. *avicenniaefolia*
	tum (Raoul) Hook. f.	Raoul) Hook. f.

Nur im Nordwestdrittel Neuseelands.	Auf der Insel fast allgemein verbreitet.	Nur im Osten, besonders Südosten.
	Gnaphalium collinum Leb.	*O. odorata* Petrie
	G. involucratum Forst.	*O. fragrantissima* Petrie
	Cotula perpusilla Hk. f.	*O. Hectori* Hook. f.
	C. australis Hook. f.	A *Raoulia australis* Hk. f.
	C. minuta Forst..	A *R. tenuicaulis* Hook. f.
		A *R. Munroi* Hook. f.
		Cassinia fulvida Hk. f.
		Gnaphalium filicaule Hook. f.
		Microseris Forsteri (Forst.) O. Hoffm.
		Crepis Novae-Zelandiae Hook. f.
		A für die Auen charakteristisch, T für die Flussterrassen.

Der sofort ersichtliche Unterschied beider Gebiete lässt sich kurz dahin präcisieren, dass die australische Facies nach Norden zunimmt. Während nämlich schon von den allgemein verbreiteten Arten etwa 30% auch in Neuholland vorkommen, wo für weitere 10% sehr ähnliche Formen vicariieren, steigt das australische Contingent in der nordwestlichen Gruppe auf volle 50% der Gesamtzahl. Die Südostflora dagegen besitzt nur 3 Species (2½%) des benachbarten Festlandes allein, und tritt auch in biologisch-physiognomischer Beziehung so individuell auf, dass ich mit ihrer Abtrennung von den zwei anderen nicht zu sehr gegen die Natur zu verstoßen hoffe.

a. Allgemein verbreitete Arten und nordwestliche Gruppe.

Es wurde eben hervorgehoben, wie das rein australische Element in dieser Association dominiert, dass es im Nordwesten sogar dem endemischen ungefähr an Artenzahl gleichkommt, was sonst in keiner Formation Neuseelands nur annähernd zu beobachten ist. Durch diesen Thatbestand treten uns die neuseeländisch-australischen Analogieen wieder in anderer Beleuchtung als bisher entgegen. Bei der Waldflora entsprachen sie ja vollkommen der Hypothese, die Nachkommenschaft eines ehemals zusammenhängenden, später hier wie dort selbständig entwickelten Stammes zu sein. Ist nun auf den Triften das Resultat aus gleichen Ursachen entstanden? Die genaue Identität so vieler Arten, die seit uralter Zeit persistent, in Neuholland der Ausgangspunkt reichverzweigter Entfaltungsreihen geworden, auf Neuseeland langen Zeiträumen, sowie der klimatischen und orographischen Mannigfaltigkeit des Geländes gegenüber indifferent geblieben sein müssten, ja den für Xerophyten günstigsten Osten nicht einmal erobert hätten — all dies erweckt nach sonstigen Erfahrungen schwere Bedenken gegen jene Auffassung. Es bleibt also die Annahme transmarinen Austausches. Der ist zweifellos noch vor kurzem, vielleicht erst durch den Aufschwung des menschlichen Verkehrs bei solchen Pflanzen eingetreten, die in Australien häufig, in Neuseeland nur an einer Stelle constatiert sind, wie *Calochilus paludosus, C. campestris, Epacris purpurascens. Stylidium.* Ähnlich mögen in jüngerer Vergangenheit natürliche Agentien gewirkt haben; aber besonders waren sie wohl thätig während der »großneuseeländischen« Epoche, als in der Gegend von Lord Howe Island beide Continente sich so nahe kamen, dass der fraglichen Flora bei ihrem Reichtum an expansiven Elementen (Farnen, Orchideen, Compositen) Ausbreitung über die nur schmale Meeresscheide des Nordens hinweg gelungen sein mag, von wo sie dann langsam nach Süden vorrückte.

Biologie und Organisation. Jenes oft geschilderte Landschaftsbild Neuhollands, das vom sonnigen Himmel der Heimat erzählt, kehrt auf den Triften der Nachbarinsel wieder, wo immer die australische Gesellschaft regiert. Da vertreten *Leptospermum, Styphelia, Epacris* die zahllosen Nadelbüsche des Continents, an deren Zweigen kleine, starre Blätter dicht gedrängt vor dem trocknenden Winde sich schirmen und auch im inneren Bau den Stempel des Standorts tragen. Bei *Styphelia Oxycedrus* z. B., die weite Strecken in graues Gewand hüllt, verengen lang vorgestülpte derbwandige Zellen die stomatäre Pforte.

Oft ist unterseits das Laub des Gesträuchs mit Filz bedeckt, wobei sich dann regelmäßig, wie Vesque schon bemerkt [1]), die Spaltöffnungen vorwölben. *Pomaderris elliptica*, ein Paradigma dieser Gehölzform, fehlt auch Neuholland nicht und könnte von dort sein Filzlaub mitgebracht haben; mehrere endemische Arten (*Helichrysum glomeratum* etc.) jedoch mit gleicher Organisation beweisen, dass Transpirationsschutz wirklich Bedürfnis am Standorte ist, und zwar ein so lebhaftes, dass oft durch Umrollung des Blattrandes gegen die Mittelrippe hin die Stomata in zwei windstille haarbekleidete Röhren gelegt werden: nicht weniger als drei kleinlaubige Büsche (*Pomaderris phylicifolia*, *Cassinia retorta*, zuweilen *Olearia virgata*) tragen solche ausgeprägten Rollblätter, denen sich die als Steppengräser den Dünenbewohnern ähnlichen Gramineen (*Dichelachne, Triticum scabrum*), ferner eine Composite (*Celmisia longifolia*) und last not least die Wappenpflanze des ganzen Bundes anschließen, der Adlerfarn, dessen Fiederchen in der Tracht sich weit von der Form unserer Wälder entfernen: sie zeigen den Rollblattbau in exactester Ausführung, indem beide Kammern durch den breit umgebogenen und derbzelligen Spreitensaum einen besonders dichten Abschluss nach außen gewinnen. Auch bei den Orchideen der Heiden und Hügel, die, mit den Schwesterarten in Wald und Moor

---

[1]) J. Vesque, Caractères des principales familles gamopétales, tirés de l'anatomie de la feuille. Ann. scienc. nat. sér. 7. Bot. I. p. 249.

rerglichen, stets durch äußerst schmale Blätter auffallen, hilft zum Teil Umlegung der Ränder die transpirierende Fläche noch weiter zu verringern: so bei *Thelymitra longifolia*, der häufigsten Orchidee, oder *Microtis porrifolia*, deren alliumartiges Röhrenblatt auf diesem Wege entstanden sein mag; anderen endlich kommt gramineenähnliche Einrollungskraft der Lamina zu gute: bei *Orthoceras* z. B., dessen Laub man bald flach, bald röhrig findet, laufen beiderseits der Mediane typische Gelenkpolster hin. Ganz blattlos sind *Schoenus Tendo* und *Sch. tenax*; doch trotzdem tritt noch im assimilierenden Halm das Chlorenchym weit hinter dem massigen, n geripptem Hohlcylinder geordneten Stereom zurück. Au einer anderen Cyperacee, *Gahnia arenaria*, wird die zuströmende Luft vor dem Eintritt ms Blattinnere durch die zartzellige chlorophyllose Umgebung der Atemhöhle angefeuchtet, so wie es Volkens[1]) bei Wüstengräsern (*Aristida brachytoda* Tausch u. a.) antraf. Im übrigen ist *Gahnia* so starr, wie die Glumifloren alle, und von Lilifloren *Dianella* und *Libertia*.

An der Seite dieser Xerophyten grünt Neuseelands einziges Zwiebelgewächs (*Hypoxis pusilla*), und neben ihm entfalten mehrere Annuellen (*Coriaria, Myosotis, Wahlenbergia*) ihre Blüten. Beide Vegetationsformen begrüßen wir als weitere Zeugen für den Steppencharakter der Triften, die um so verlässlicher scheinen, als sie in den übrigen Formationen überaus schwach nur vertreten sind. Unter den Einjährigen ragt *Coriaria ruscifolia* durch ihren hohen Wuchs (2—4 m) und die relativ großen, dünnen Blätter hervor, deren grünes Gewebe von breiter Wasserepidermis umschlossen wird. An der temperierten Westküste der Südinsel vermag die Pflanze auszudauern und wird dort sogar baumartig: ein schönes Beispiel, wie leicht und vollkommen sich bei der schwachen Concurrenz des Inseldaseins Lebensdauer und Habitus klimatischem Einfluss anpassen. Den Rest der Association machen kleine Stauden mit etwas geringerem Trockenschutz aus (*Viola, Haloragis, Galium, Cotula* etc.), die entweder wie der zarte Niederwuchs der Wiesen den Schatten höherer Xerophyten genießen (s. S. 218), oder noch öfter im ersten Frühjahr blühend ihre Entwickelung beenden (*Oxalis, Oreomyrrhis, Asperula, Cotula* u. a.), ehe die Sommerhitze beginnt.

b. Östliche Gruppe.

Eine Entwickelungsbasis, die sich der Triftflora im nördlichen Neuseeland nirgends bietet, hat sie auf der Südinsel in den eigentümlichen Auenlandschaften gefunden, welche in den Ebenen der Ostseite Wiesen- und Weideland unterbrechen[2]). Die Flüsse haben dort im Laufe der Zeit aus dem Gebirge ungeheure Schottermassen zu Thal gebracht und auf dem vorliegenden Flachland in gewaltigen Steinfeldern abgesetzt, die oft breiter als

---

1) G. Volkens, Die Flora der ägyptisch-arabischen Wüste. S. 50.
2) Ihre Schilderung stützt sich auf Mr. Cockayne's freundliche Mitteilungen.

eine Meile das eigentliche Flussbett umrahmen. Die gewöhnliche Trockenheit
dieser Geröllauen (»river beds«) wird ab und zu durch vollständige Über-
flutung unterbrochen, besonders im Frühjahr, wenn der Nordwestföhn auf
den Alpenkämmen große Schneemassen zu plötzlicher Schmelze bringt. In
der Regel aber beschränken sich die Wasser auf das Bett und haben es
stellenweise tief eingegraben. An solchen Strecken strömen sie dann
zwischen großen Uferterrassen hin, die der energischen Erosion verschiedener Perioden ihr Dasein verdanken und von weitem »sich wie Eisen-
bahndämme ausnehmen«.

Auf diesen Auen hat sich neben einem kleinen Stamme specifischer Bewohner[1] das südöstliche Triftelement angesiedelt, das auf allen trockneren Fluren der südlichen Ebenen mit den allgemein verbreiteten Arten
zusammen eine Formation von ganz anderem Habitus bildet, als wir die
entsprechende des Nordwestens kennen. Vor allem kommen neue australische Formen kaum hinzu, viele sind verschwunden. Um diese Erscheinung
sich zu erklären, könnte man ja meinen, wenn der Verkehr Australien-
Neuseeland vermutlich einst in nördlichen Breiten erfolgte (s. S. 244), so
hätten die ausgetauschten Elemente zur heutigen Südinsel einen weiteren
Weg als zum Nordwesten gehabt. Plausibel ist aber diese Conjectur deshalb
nicht, weil gerade der Südosten als der trockenste und klimatisch Neuholland am nächsten kommende Teil der Insel jenen Australiern besonders
hätte zusagen müssen. Und vor allem bleibt es aus demselben Grunde eine
wundersame Thatsache, dass die in Neuseeland vorhandenen australischen
Gattungen im Osten nirgends neue Formen produciert haben, was sie doch
drüben in Australien thaten. Statt dessen sehen wir auf den Triften Canterburys und Otagos neben den allgemein verbreiteten Krautgewächsen und
Gehölzen zwei Elemente formenreich zur Herrschaft gelangt, die dem Nordwesten völlig abgehen: das eine umfasst Abkömmlinge der Waldflora, und
zwar meist ihres subtropischen Componenten, das andere scheint
sich von einer subalpinen Vegetation abgezweigt zu haben, deren Beziehungen erst später zu erörtern sind.

1. Abkömmlinge der Waldflora.

Als Abkömmlinge der Waldflora hat man die Arten von

Clematis	Sophora	Aristotelia
Pittosporum	Carmichaelia	Hymenanthera
Rubus	Nothospartium	Corokia

zu betrachten[2]. Ihre Xerophytenstructur ist von auffallender und im Vergleich zu anderen Floren schwer verständlicher Intensität, wenn wir uns
erinnern, dass selbst die trockensten Striche Neuseelands unter minder

---

[1] In der Liste mit A bezw. T bezeichnet.
[2] Diese interessante Reihe erscheint für die pflanzengeographische Wertung des
ganzen neuseeländischen Gebietes beachtenswert, sofern sie gegen jede Trennung der

excessivem Klima und seltener Dürren leiden als Mitteleuropa. Trotzdem geht bei jenen Sträuchern die Herabsetzung der Transpiration nicht weniger weit als an Gewächsen wasserarmer Steppen. Und so mächtig scheint auf alle dies Agens gewirkt zu haben, dass habituell die vielen systematisch sich so fernen Species außerordentlich convergieren und sämtlich in der Physiognomie mit Wüstenvegetation übereinstimmen. Wie dort begegnen uns nur starre, sparrig verzweigte Büsche von kugelförmigem Umriss, oder Rutensträucher, die als blattloses Haufwerk dicht verworrener Äste am Boden liegen.

Mühlenbeckia axillaris, Pittosporum rigidum, Aristotelia fruticosa, Hymenanthera crassifolia (Fig. 2 *B*; vgl. Fig. 1 *B*!) und *Corokia Cotoneaster* repräsentieren den ersten Typus, mit ihnen auch *Discaria Toumatou*, die allerdings zur Waldflora keine Beziehung hat. Bei allen enthält das Hadrom der starren Äste nur wenige Gefäße. Fast das ganze Material ist zu Libriform verarbeitet, das die Zweige thunlichst unbeweglich macht und damit die Verdunstung der Blätter mindert. Denn diese unterscheiden sich im inneren Bau von dem Lederlaub der verwandten Waldgehölze nur durch heliophile Umformung des Schwammgewebes und lassen sonst all jene Schutzmittel vermissen, die wir bei den australischen eben feststellen konnten. War also dort die Anpassung sozusagen auch qualitativ, lässt sich hier wesentlich nur quantitative constatieren, sofern nämlich die Zahl der Blätter außerordentlich gering ist, und die Fläche ungefähr nur $^1/_{10}$ der Spreitengröße erreicht, welche ihren Gattungsgenossen im Walde zukommt. Noch nicht 1 qcm beträgt sie z. B. bei *Pittosporum rigidum* !

So ist es nur noch ein Schritt zu den Rutensträuchern, wo die Differenzierung der Rinde jedes Laub entbehrlich macht. Die neuseeländischen Vertreter dieser Kategorie verdienen wegen ihrer engen Beziehung zu den Lianen Beachtung. Von *Mühlenbeckia ephedroides, Clematis afoliata, Rubus* var. *squarrosus*[1]) kennen wir schon nahe Verwandte als Schlingpflanzen an den Waldgehölzen, und bei *Clematis* sowohl wie *Rubus*, wo vornehmlich die Petiolen assimilieren, kann man jetzt noch alle Stadien der Blattverkümmerung in natura beobachten. Ähnlich steht es bei *Carmichaelia*, die für die Biologie dieser Gewächse überhaupt ein lehrreiches Beispiel abgiebt: Mit *Streblorrhiza* und dem generisch vielleicht identen *Nothospartium* bildet sie jene Leguminosentribus, die wir bereits als großneuseeländisches Wahrzeichen merkwürdig fanden (s. S. 225). *Streblorrhiza* klettert auf Norfolk noch heute als hohe Waldliane, im Unterholz der

------
Nord- und Südinsel protestiert. Die Durchdringung paläotropischer und altoceanischer Elemente auf Neuseeland geht so weit, dass eine einheitliche Auffassung der »Subregion« allein natürlich ist. Wollte man dennoch die Grenze des altoceanischen Reiches nach Neuseeland verlegen, dürfte, wie sich später zeigen wird, nur die Waldlinie auf seinen Gebirgen allenfalls zur Scheidung verwendbar sein.

1) Von *Rubus* gute Abbildung in KERNER v. MARILAUN's Pflanzenleben I. 637.

248 L. Diels.

Palmenwälder von Lord Howe grünt *Carmichaelia exsul* F. v. M. mit vielen
zarten Blättern (Fig. 4 *A*), und auch *C. australis*, im Nordwestzipfel Neuseelands die einzige ihres Stammes, prangt noch in reichem Laubschmuck.
Weiter nach Südosten verlässt die Gattung die Waldestiefe und gewinnt
dabei zusehends an Polymorphie, um schließlich die Südinsel auf der Ostseite mit einem schier unentwirrbaren Schwarm größerer und kleinerer
Formen zu bevölkern. Alle 15 »Arten«, die man dort bisher diagnosticiert
hat, zeichnen sich durch Laubarmut oder gänzliche Blattlosigkeit aus, und
sind daher wenigstens in höherem Lebensalter auf Zweigassimilation angewiesen. In der Jugend allerdings tragen sie sämtlich wie die phyllo-
dinen *Acacien* Neuhollands gefiederte Blätter, die in der Nähe des Bodens,
vom Schatten höherer Gewächse beschirmt, gegen Austrocknung überdies Behaarung, Anthokyangehalt und vertiefte Stomata besitzen, wie ich
mich bei *C. compacta* an Keimpflanzen des Berliner Botanischen Gartens
überzeugte. Von Anbeginn sind Stengel und Blattspindel ebenfalls mit
Chlorenchym und Stereom versehen, so dass, zu etwa 5 cm herangewachsen,
das Pflänzchen die Spreitenbildung bereits sistieren und ihr Geschäft den
flachen Sprossen übertragen kann, die nun einige Jahre für die Ernährung
arbeiten. Nach und nach werden im Innern neue leitende und mechanische
Elemente eingeschaltet, für die wie bei *Bossiaea*[1]) ohne Störung der assimilierenden Rinde durch Abrundung des anfangs platten Organs Raum
entsteht. Schließlich stellt es dann seine Mitwirkung an der Assimilation
ein, und das peripherische Stereom verliert seine Bedeutung gegenüber
dem erstarkten libriformreichen Holzkörper. Schon vorher haben jüngere
Triebe die Assimilation übernommen, mit jener Organisation ausgestattet,
die bei allen Rutensträuchern wiederkehrt: Die Verdunstung hemmenden
Constructionen bleiben auf die Oberhaut beschränkt: kräftige (15—22 μ)
Außenwand, oft schalig bis cylindrisch vertiefte Stomata, die bei *Exocarpus*
casuarinenartig in haarerfüllten Rillen geborgen liegen; für die Assimilation überall typische Palissaden thätig, was ja sehr verständlich
ist bei der physischen Umgebung dieser Gewächse und den hohen An-
forderungen, womit totaler Laubabort das vertretende Gewebe belastet. In
seiner centrifugalen Tendenz gerät es bekanntlich mit dem nicht minder
wichtigen Festigungsgerüst in einen Conflict, dessen verschiedene Lösung
den histologischen Bau der Rutensträucher bestimmt[2]). Dem gewöhnlichen
Genisten-Typus, wo Chlorenchym und Stereom in regelmäßiger Alternanz
die Stammperipherie zu mehr oder minder gleichen Teilen einnehmen, gehören unsere *Clematis*- (Fig. 2 *C*) und *Carmichaelia*-Arten an; oft combi-
nieren sich dabei mit den Hauptträgern noch Bastsicheln vor den Leitbündeln.

1) Vergl. H. Ross, Beiträge zur Kenntnis des Assimilationsgewebes und der Kork-
entwickelung armlaubiger Pflanzen. Freiburg 1887.
2) Vergl. H. Pick, Beitr. z. Kenntnis d. assimilier. Gewebes armlaubiger Pflanzen.
Bonn 1884.

Bei *Mühlenbeckia* tritt dagegen das mechanische Bedürfnis hinter dem assimilatorischen entschieden zurück: denn das Stereom räumt dem grünen Gewebe fast die ganze Randzone ein. Nur an wenigen Stellen springen schmale Radialkanten seines Hohlcylinders gegen die Epidermis vor; außen liegt ihm ferner eine Scheide an, die an zahlreichen Durchlassstellen

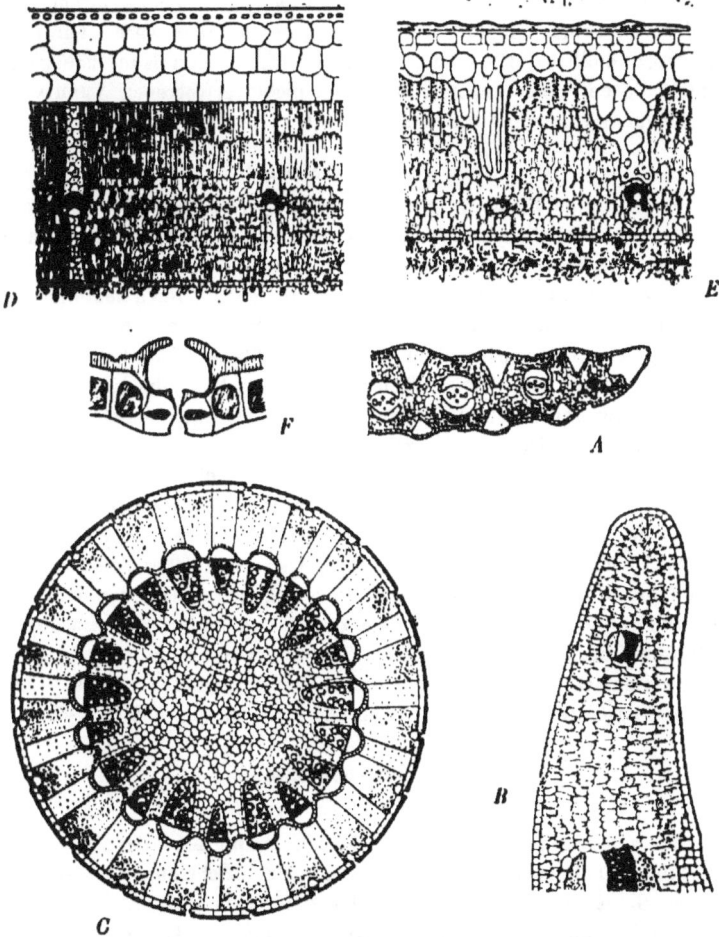

Fig. 2. Typen der Waldregion II. *A* Epiphyten: *Earina mucronata* Lindl. B. z. T. = $^{60}/_1$.
— *B, C* Triftsträucher, Abkömmlinge der Waldflora: *B Hymenanthera crassifolia*
Hook. f. B. z. T. = $^{60}/_1$ (vergl. Fig. 4 *B*); *C* Rutensträucher: *Clematis afoliata* Buchanan
St. (halbschematisch) = $^{24}/_1$. — *D* Felshygrophyten: *Metrosideros tomentosa* A. Cunn.
B. = $^{60}/_1$. — *E, F* Felsxerophyten: *E* Lackblatt mit starkem Wassergewebe: *Senecio
Munroi* Hook. f. B. z. T. = $^{60}/_1$; *F Veronica Hulkeana* Hook. f. Spaltöffnung = $^{330}/_1$.

mit dem Holzkörper communiciert und sowohl die Assimilate aufzunehmen, als das Wasser aus den Leitröhren zur Epidermis überzuführen scheint, da sie mit ihr in auffällig breiten Contact gesetzt ist. Bei *Rubus squarrosus* fehlen subepidermale Träger ganz, ebenso bei *Exocarpus*, wo jedoch Stereom-stäbe in cylindrischer Reihe die Rinde durchsetzen. Außerdem wirkt dort die dickwandige Epidermis als peripherer Festingungspanzer mit un-verrückbaren Platten, da feste Cutinzapfen die engen Stomatärfurchen aus-steifen, an denen allenfalls Verschiebung zu fürchten wäre. Für *Rubus squarrosus* endlich dürfte eine collenchymatische Epidermis mechanisch ge-nügen, da der niederliegende Busch mit dicht verworrenen Ästen wenig auf Biegungswiderstand beansprucht wird.

2. Subalpines Element.

Das subalpine Element (*Angelica, Aciphylla, Veronica, Cassinia?, Olearia, Raoulia*) ist vorzüglich in den Flussauen und an den Terrassen zu Hause, wodurch der Verdacht bestärkt wird, in ihm eine Association ehemaliger Alpenpflanzen mit jüngeren Modificationen zu sehen. Noch heute gesellen sich dort vorübergehend echte Hochgebirgskinder zu, in ähnlicher Weise, wie es jedem von den Kiesbetten unserer Alpenflüsse bekannt ist, die über-haupt als Abbild jener fernen Thäler in kleinstem Maßstabe gelten können.

Die Hauptrepräsentanten dieses Elements sind ebenfalls Sträucher mit kleinen, sehr derbhäutigen (*Veronica*) oder unten filzigen Blättern (*Olearia, Cassinia*), die oft auch von Wachs (*Angelica geniculata*, sehr kleinblättrige Liane; *Veronica pimeleoides*) oder Lack überzogen werden (*Olearia avicenniae-folia*). Im ganzen aber erweisen sie sich als minder xerophil gebaut, als die Verwandten höherer Lagen. Beispielsweise dürften *Veronica Lyallii* und *V. Bidwillii* zwei vicariierende Arten verschiedener Regionen darstellen. Die zweite unterscheidet sich durch zehn mal kleineres Blatt mit doppelt stärkerer Cutinschicht und dichtem Schwammparenchym von *V. Lyallii*, für die sie nach Cockayne in den trockenen Berggegenden eintritt. Ähn-liches gilt von den drei *Raoulia*-Arten und ihrer hochalpinen Sippschaft.

VII. Felsenpflanzen.

(VII1) 16. Felshygrophyten.

Die ungünstige Berieselung an Felsen knüpft dort das Prosperieren pflanzlichen Lebens an besondere Bedingungen. Sehr günstig wirkt ja in diesem Sinne das Laubdach des Waldes, unter dem sich jeder Stein, jede Felswand in kurzer Frist mit Kryptogamen umkleidet, dadurch für alle Vegetation wohnlich wird und namentlich die Epiphyten gedeihen lässt. In der Nähe des Meeres ist es die Feuchtigkeit der Luft, die auch die Küsten-felsen zu einer Stätte üppigen Pflanzenwuchses macht. Nicht wenige Arten haben sich auf Neuseeland an felsigen Plätzen seines langgestreckten Ge-stades ihre Wohnung erkoren und bilden eine vielfach local nuancierte,

nicht halophile Litoralvegetation, die vornehmlich im regnerischen Westen
zu gewisser Bedeutung gelangt.

Nordwesthälfte.	Allgemein.	Südhälfte, besonders Südwesten.
	Asplenium obtusatum Forst.	
Schoenus concinnus Hook. f.	*Festuca scoparia* Hook. f.	
Arthropodium cirrhatum R. Br.		
Astelia Banksii A. Cunn.		
Rhagodia nutans R. Br.	*Parietaria debilis* R. Br.	
Lepidium incisum B. & S.	*Lepidium oleraceum* Forst.	
L. flexicaule Kirk	*Crassula moschata* Forst.	
Pomaderris Edgerleyi Hook. f.		
Pimelea Urvilleana A. Rich.		
Metrosideros tomentosa A. Cunn.		
Angelica rosaefolia Hook. f.	*Myosotis capitata* Hook. f.	*Celmisia holosericea* (Forst.) Hook. f.
Coprosma petiolata Hook. f.	(auch Binnenland.).	*C. Lindsayi* Hook. f.
		C. Mackaui Raoul
		Olearia angustifolia Hook. f.
		Helichrysum Purdiei Petrie
		Gnaphalium Lyallii Hook. f.
		(auch Binnenland).

Diese einigermaßen eigentümliche Flora erinnert teils an Waldgehölze,
teils an Triftpflanzen. Sehr ausgezeichnet ist die Südwestküste durch die
Compositen, die an ihren Fjorden eng begrenzte Areale inne haben.

Auf den Küstenfelsen versorgen neben reichlichem Regen auch die
häufigen Taufälle der Nächte die Vegetation mit Feuchtigkeit. Den zeit-
weiligen Gefahren trockener Stürme und langer Besonnung begegnen ver-
breiterte Tracheiden (*Lepidium*) und namentlich Wasserspeicherung im
oberen Hautgewebe, — bei *Arthropodium* durch eine 50 μ breite Epidermis,
Astelia Banksii und *Metrosideros tomentosa* (Fig. 2 D) mittelst 3 sehr hoher
Etagen —, was ja in Analogie zu den Epiphyten sich nur erwarten ließ.

(VII 2) 17. Felsxerophyten.

In der Waldregion des Binnenlandes sind trockene Felspartien selten,
und ihre Gewächse gering an Zahl. Denn wo sich aus durchlässigen Kalken
oder schwer verwitternden Eruptivmassen steile Wände türmen, da vermögen selbst von den Triftxerophyten nur wenige Fuß zu fassen, und sie
spielen keine Rolle gegenüber einer erlesenen Schar, die besser als sie
dem harten Lebenskampfe gewachsen ist:

( ) *Cheilanthes Sieberi* Kunze
Asplenium Richardi Hook. f.
Nothochlaena distans R. Br.
Gymnogramme leptophylla Desv.
Thelymitra pulchella Hook. f.
Gaultheria oppositifolia Hook. f.
G. fagifolia Hook. f.
Myosotis decora Kirk
B *Veronica Lavaudiana* Raoul

M.B *V. Raoulii* Hook. f.
M *V. Hulkeana* Hook. f.
Selliera fasciculata Buchanan
M *Olearia insignis* Hook. f.
B *Senecio saxifragoides* Hook. f.
S. Munroi Hook. f.
S. Greyii Hook. f.
S. compactus Kirk

Die Arten dieser kleinen Liste, fast sämtlich endemisch, zeigen das bei Felsenpflanzen so häufige Phänomen beschränktester Verbreitung. Von eigentümlichen Formen bevorzugt sind namentlich zwei Districte der Südinsel, nämlich die schroffen Kalksteinufer einiger Cañons in Marlborough (M) und die Bankshalbinsel (B) mit ihren vulkanischen Felskuppen. Beide Gebiete gehören der Meereshöhe (300—1000 m) nach noch durchaus der oberen Waldregion an, aber ihre endemischen Erzeugnisse reihen sich unmittelbar in alpine Formenkreise ein.

Organisation. In der kühleren Jahreszeit entsprießt den Steinritzen die annuelle *Gymnogramme*, und eine vergängliche Knollenorchidee blüht zwischen starren Farnwedeln im Gebüsch, das gegen den Sommer gepanzert ist. Auch eine succulente Staude dauert aus, *Selliera fasciculata*, wahrscheinlich nur Varietät der auf Dünen und Küstensümpfen lebenden *S. radicans* (S. 211), und somit ein Object des ja mehrfach beobachteten Florenaustausches zwischen Strand und Kalkgestein, der auch bei *Lepidien* Neuseelands vorkommt und in Mitteleuropa beispielsweise an *Tetragonolobus* zu beobachten ist.

Auf Banks-Peninsula glänzen in schneeweißer Filzhülle die großen Rosetten des *Senecio saxifragoides* hier und da von felsigen Brüstungen herab, in angenehmem Contrast zu den Macchien dunkellaubiger *Veronica*-Sträucher, deren dicke Blätter doppelschichtige Oberhaut deckt. Man glaubt sich ans Felsgestade der Kykladen oder ähnlicher Küsten des östlichen Mittelmeeres versetzt. Geradezu wüstenartigen Eindruck aber erregt die Vegetationsphysiognomie in Marlborough. An den Spaltöffnungen seiner *Veronica Hulkeana* (Fig. 2 F) äußern sich ähnliche Bauprincipien wie bei *Franklandia fucifolia* R. Br. aus dem regenärmsten Westaustralien[1]; gleichzeitig erleiden die Interstitien des isolateralen Blattes hochgradige Reduction. Nicht besser ergeht es dem unzertrennlichen Compositenpaar *Olearia insignis* und *Senecio Munroi*, die ihre langen Wurzeln tief ins Gestein bohren und gemeinschaftlich die dürrsten Kalkwände mit gelb leuchtendem Blütenschmuck beleben. *Senecio* (Fig. 2 E) besitzt an der Epidermis seiner harten Blätter oberseits Kopfdrüsen, die mit dickem, braun glänzendem Lacküberzug eine wasserspeichernde Hypodermlage schützen, während unten dichter Filz nahezu lumenloser Deckhaare die Spaltöffnungen umschließt.

---

[1] Vergl. A. Tschirch, Üb. einig. Bezieh. des anat. Baues ... Fig. 11.

Olearia, die ich nicht untersuchen konnte, scheint der Beschreibung nach mit dem Wohnort auch die vegetative Organisation ihres Genossen zu teilen.

b. Alpenregion.

Den Vegetationsbestand der Gebirge Neuseelands über der Baumgrenze scheiden alle Autoren in zwei Zonen: unten eine s u b a l p i n e S t r a u c h - r e g i o n , ausgezeichnet durch holzige Scrophulariaceen und Compositen, darüber die echt a l p i n e Z o n e , wo größere Gehölze nicht mehr fortkom- men. Erschien aber schon der Übergang des Waldes in das subalpine Niveau ganz allmählich (S. 222), so lassen sich die zwei oberen Gürtel noch weniger scharf von einander sondern: die erheblichen Differen- zen, die in folgender Übersicht, je nach specieller Definition, im Ansatz der Höhengrenzen zu Tage treten, documentieren das untrüglich. In das subalpine Gebüsch greifen eben vielerorts die Matten ein, oft auch muss es der alpinen Triftflora weichen, und die Einigung beider Regionen em- pfiehlt sich zwecks botanischer Betrachtung darum nicht minder, wie die Contraction von Ebenen- und Bergflora im Vorlande.

In runden Zahlen liegen über die verticale Gliederung der Alpen- region nachstehende Angaben vor:

Gebirge in:	Subalpin.	Alpin.	Gletscher- enden.	Schnee- grenze.	Autor.
Taupo	1070—1980		.	2700	Colenso NZI L. / Kennedy Nicholls.
Wellington. . .	915(1525)—2100		.	2500	Buchanan NZI VI.
Nelson	1500-1700	1700-2000	.	2400	Munro NZI I.
Canterbury. . .	1200-1370	1370-2135	610	2400	v. Haast / Armstrong } NZI II.
Westland und / W.-Otago \	1250-1680	1680-1900	200	2100	v. Haast / Hector & } NZI I.
O.-Otago . . .	1070-1830	1830-2135	.	2135	Buchanan

Die tiefe Depression der Gletscher- und Schneegrenzen in Anbetracht der geogr. Breite Neuseelands hängt wie in Patagonien mit der Ergiebig- keit des Niederschlages und geringen Sommerwärme zusammen. Eben daher ist leicht verständlich der erhebliche Gegensatz zwischen West- und Osthang. Die Ketten der Leeseite sind trockener, kälter und heißer. Die T e m p e r a t u r der Alpen lässt sich im Jahresmittel durch Berech- nung ungefähr auf folgende Beträge festsetzen:

bei 500 m 10,2 — 7,7⁰
- 1000 m 7,7 — 5,2⁰
- 2000 m 2,7 — 0,2⁰

Für das Pflanzenleben sind diese Werte jedoch als minder wichtig bekannt, während die ausschlaggebenden Factoren nach Insolation, Nieder- schlagsmenge, Schneeverhältnissen etc. schon in kleinen Gebieten erheblich schwanken. Namentlich je nachdem ein Berghang oder Thal dem Nordwest exponiert ist oder nicht, müssen sich starke Contraste selbst benachbarter Districte einstellen; hier Verschärfung, drüben Schwächung der inhärenten Gefahren des Höhenklimas, wie besonders der überall im Gebirge gehobenen Evaporationskraft, die schnell und heftig mit der Wärme wechselt und neben directer Schädigung nicht selten durch Schmälerung des an sich bereits kärglichen Wärmegenusses das Vegetationsleben in Frage stellt. Doch genauere Orientierung über all diese Witterungserscheinungen könnte erst der Vergleich zahlreicher exacter Messungen ermöglichen, die vorläufig noch vollständig fehlen. Dass es dann gelingen würde, in der feineren Differenziation der alpinen Formationen manche Einflüsse von Klima und Standort zu erkennen, ist zweifellos. Angesichts der heutigen Unkenntnis aber sieht man sich noch mehr als bei der Vegetationsschilderung von Wald und Ebene darauf beschränkt, den allgemeinsten derartigen Beziehungen in der Hochgebirgsflora nachzugehen.

14. Moore.

Deschampsia Novae Zelandiae Petrie	*Epilobium nanum* Col.
| *Carpha alpina* B. & S.	[| j *Actinotus Novae Zelandiae* Petrie
L *Oreobolus Pumilio* R. Br.	*Styphelia* § *Cyathodes empetrifolia* Hk. f.
O. strictus Berggren	. *S.* § *C. pumila* Hook. f.
O. serrulata Col.	'| *Liparophyllum Gunnii* Lab. (Tasman.)
⌣ *Carex lagopina* Wahl.	*Ourisia macrocarpa* Hook. f.
⌣ *C. echinata* Murr.	*O. monta na* Buchanan
C. trachycarpa Cheeseman	*Plantago uniflora* Hook. f.
⌣ *C. leporina* L.	*Lobelia linnaeoides* Petrie
C. Muelleri Petrie	[' *Phyllachne clavigera* (Hook. f.) F. v. M.
C. Kirkii Petrie	*P. scabra* (Hook. f.) F. v. M.
C. Thomsoni Petrie	*P. Colensoi* (Hook. f.) F. v. M.
C. Raoulii Boott. u. a. A.	*P. muscoides* (Col.). F. v. M.
| *Calorophus elongata* Lab.	*P. subulata* (Hook. f.) F. v. M.
Centrolepis viridis Kirk	*P. sedifolia* (L. f.) F. v. M.
[j *Gaimardia setacea* Hook. f.	| *Donatia Novae Zelandiae*[1]) Hook. f.
Juncus antarcticus Hook. f.	(nur Tasman. — vw. Magellanstr.).
J. scheuchzerioides Gaud.	*Celmisia sessilifolia* β *minor* Petrie
| *Herpolirion Novae Zelandiae* Hook. f.	*C. petiolata* Hook. f.
Mühlenbeckia hypogaea Col.	*C. glandulosa* Hook. f.
| *Claytonia australasica* Hook. f.	*C. prorepens* Petrie
) *Drosera Arcturi* Hook. f. (vw. Feuerland).	*C. perpusilla* Col.
D. minutula Col.	*Raoulia Mackayi* Buchanan
D. polyneura Col.	*Senecio Lyallii* Hook. f.

Diese Association ist die Domäne der »antarktischen« Genera. In seinem ersten Werke schon führt Sir J. Hooker [2]) *Carpha*, *Oreobolus*, *Centrolepis*, *Gaimardia*, *Ourisia*, *Phyllachne* und *Donatia* als solche auf, die fast sämtlich auch im südöstlichen Australien, oft specifisch ident vorkommen,

---

1) Nach F. v. Mueller den *Candolleaceae* angeschlossen.
2) J. D. Hooker, Flora Novae Zelandiae. London 1853. Introductory Essay p. XXXIII. Vergl. Engler, Entwickelungsgeschichte ... II. S. 93—103.

zum Teil sogar noch an der Magellanstraße in nahe verwandten Formen vertreten sind. Es hat nichts Gezwungenes, sie als Relicte zu betrachten, die seit dem Verschwinden größerer Landmassen auf der Südhemisphäre die heutigen Wohnsitze inne haben. Ihre auffallende systematische Isoliertheit weist auf das Aussterben vieler verwandter Sippen hin; dies wieder lässt in den betreffenden Stämmen Variationsunfähigkeit annehmen, die zugleich die Ursache dafür wäre, dass die Überlebenden seit ferner Vergangenheit an weit getrennten Localitäten vegetierend, gar keine oder ganz geringe Modificationen erlitten. Die Voraussetzung derartiger Langlebigkeit — möglichst geringe Schwankungen in den exogenen Verhältnissen — ist aber überall bestens an nassen Stellen garantiert, und der Reichtum unserer

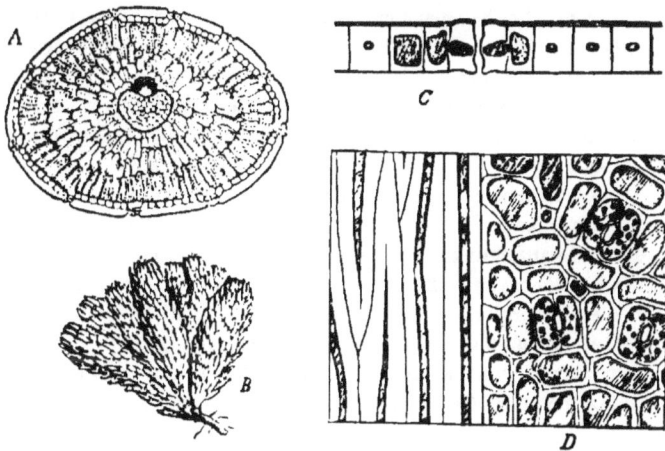

Fig. 3. Typen der Alpenregion I, 1: *A*, *B* *Donatia Novae Zelandiae* Hook. f.; *A* Blatt 60/1; *B* Habitus. — *C*, *D* *Phyllachne subulata* (Hook. f.) F. v. M., Epidermis; *C* =; *D* Flächenansicht 330/1.

hygrophilen Formation an solchen »erstarrten« Typen bestätigt nur eine bekannte Erfahrung der Pflanzengeographie. Aus der constant temperierten Natur derartiger Standorte erklärt sich auch, dass alpine Moorpflanzen besonders leicht in die Ebene gelangen können, wobei allerdings die matte Concurrenz in Sümpfen als begünstigender Factor von gleicher Wichtigkeit hinzutritt: *Donatia* und *Liparophyllum* steigen schon auf der Stewart-Insel bis zum Meeresspiegel herab, analog dem weit großartigeren Schauspiel, das die borealen Glacialpflanzen bieten, das auf der westlichen Halbkugel aber besonders sich entrollt in den Massen-Wanderungen andiner Colonien nach Feuerland und den Falklandsinseln.

Biologie und Organisation. Eine frappante Thatsache ist die außerordentliche Ähnlichkeit sämtlicher altoceanischer Typen (excl. *Ourisia*) in ihren Vegetationsorganen: allenthalben rasiger Wuchs und dicht gedrängte Nadelblätter, die bei *Donatia* (Fig. 3 *A B*) und *Phyllachne* ganz kurz, bei den Monokotylen länger sind. Ihrer Versteifung dient die überall sehr derbe Epidermiswand (*Oreobolus* 14, *Donatia* 17 μ u. s. w.); bei *Phyllachne subulata* (Fig. 3 *C D*) hat sich sogar im Hautgewebe eine Arbeitsteilung vollzogen, indem die Epidermiszellen an Rand und Mediane durch äußerste Dickwandigkeit und prosenchymatische Verlängerung sich völlig mechanischer Function anbequemt haben. Häufig unterstützt starke Bastentwickelung im Centrum die Festigung (*Donatia*), die vielleicht zur Wahrung des Rasenwuchses wichtig ist, indirect also zum Transpirationsschutz von Bedeutung würde [1]. Moseley [2]) fand ähnliche Rasen auch wärmespeichernd, was bei der niedrigen Sommertemperatur nicht unwesentlich wäre. Dass daneben aber die ganze Organisation unmittelbar die Verdunstung herabsetzt, wird einmal am identischen Bau mancher Xerophyten klar — man vgl. z. B. *Ourisia microphylla* P. & E. von trockenen Basaltfelsen Chiles [3]) —, es geht aber ferner aus *Phyllachne* selbst hervor. Wo nämlich ihre imbricaten, winzigen Blätter, deren Fläche zum größten Teil von den Nachbarn bedeckt ist, mit der Spitze in die freie Luft ragen, verstärkt sich sofort die Außenwand auf mehr als das doppelte (bei *Phyllachne clavigera* von 7 auf 16 μ), äußerlich an den »knobs« bemerkbar, von denen Hooker's Diagnosen reden. Bei *Phyllachne sedifolia* ist außerdem das Wassergewebe vergrößert, ungewöhnlicher Weise durch Heranziehung der Unterseite, indem ihre Epidermis zu beiden Seiten des Mittelnervs spaltöffnungslos und viel höher ist als an den Flanken.

Ob diese energische Reaction gegen Transpirationsverluste ausschließlich unter ähnlichen Einflüssen entstanden ist, wie es am eingehendsten Goebel und Kihlmann [4]) mit Rücksicht auf die erschwerte Wasseraufnahme bei tiefer Bodentemperatur befürwortet haben, bleibe dahingestellt. Denn schon oben wurde betont, wie misslich es ist, bei so altertümlichen Formen mit geringem Accommodationsvermögen von Anpassung an heutige Lebensbedingungen zu sprechen, zumal in vorliegendem Falle ihre Entstehung in höheren Breiten mit ganz unbekanntem Klima u. s. w. gesichert scheint. Wie ich später noch näher begründen werde, möchte ich jedoch die auffallende Structurübereinstimmung dieser geographisch und florogenetisch offenbar zusammengehörigen Pflanzen hypothetisch davon herleiten, dass sie auf alten Gebirgen in viel größeren Höhen entstanden und dort ihre nivale Organisation erwarben, die gut harmoniert z. B. mit den hygrophilen Polsterpflanzen der Paramos (*Phyllactis aretioides* Wedd.. *Lysipomia lycopodioides* Goebel), aber mit dem Bau ihrer jetzigen Nachbarn auf Neuseeland wenig gemein hat. Denn diese unterscheiden sich nicht wesentlich von den Hygrophyten der Ebene, abgesehen naturgemäß von

---

1) Vergl. Wagner, Zur Kenntnis des Blattbaues der Alpenpflanzen. Wien 1892. S. 544.
2) H. N. Moseley, Notes on the flora of Marion Island. Proc. Linn. Soc. XV. London 1876.
3) K. Goebel, Pflanzenbiolog. Schilderungen. Marburg 1889—93. II. S. 30.
4) A. O. Kihlmann, Pflanzenbiolog. Studien aus Russ. Lappland. Acta soc. pro fauna et flora fennica VI (1890). S. 79 ff.

der Reduction aller Teile, in der sich ja·bei Angehörigen nicht alpiner Gattungen, die größere Höhen erklimmen, der Einfluss des ungewohnten Klimas zu äußern pflegt. So bei *Mühlenbeckia hypogaea*, einem winzigen Sträuchlein, das ganz oben am Tongariro in Torfboden wurzelt. Die Restionacee *Calorophus* ist zwar blattlos, aber die assimilierenden Halme äußerst zahlreich und von zartem Bau.

Der einzige höhere Strauch bevorzugt die unteren Lagen der Alpenregion. Auf seinen Habitus weist der Name *Styphelia empetrifolia* hin, und an *Empetrum* erinnert auch der anatomische Bau seines Rollblattes, noch mehr an *Nassauvia pumila* Poepp. & Endl. der Anden. Für den Xerophytenbau der Epacridaceen gelten übrigens, wie bereits S. 231 hervorgehoben, die Ausführungen betreffs der altoceanischen Moorpflanzen ebenfalls.

112. Matten, Pflanzen an Bachufern, quelligen Lehnen und anderen feuchten Stellen des Hochgebirges.

Dacrydium laxifolium Hook. f.

| *Ehrharta Colensoi* Hook. f.

| *Hierochloa alpina* Röm. & Schult. (?)

Agrostis muscosa Kirk

__ *A. antarctica* Hook. f.

Schoenus pauciflorus Hook. f.

Danthonia flavescens Hook. f.

Triticum Youngii Hook. f.

Carex Wakatipu Petrie

C. devia Cheeseman

- *C. pyrenaica* Wahlenb.

C. pulchella Berggren

C. Petriei Cheeseman; u. a. A.

Alepyrum pallidum Hook. f.

Bulbinella Hookeri (Col.) Engl.

Astelia linearis Hook. f.

Caladenia Lyallii Hook f.

C. bifolia Hook f. ·

() *Montia fontana* L.

Caltha Novae Zelandiae Hook. f.

C. marginata Col.

Ranunculus Lyallii Hook. f.

R. Traversii Hook. f.

R. insignis Hook. f.

R. ruahinicus Col.

R. pinguis Hook. f.

R. reticulatus Col.

R. nivicola Hook. f.

R. geraniifolius Hook. f.

R. tenuicaulis Cheeseman

R. Buchanani Hook. f.

R. tenuis Buchanan

R. sericophyllus Hook. f.

R. Sinclairii Hook. f.

R. subscaposus Hook. f.; u. n. A.

Cardamine depressa Hook. f.

Geum uniflorum Buchanan

G. alpinum Buchanan

G. leiospermum Petrie

Epilobium macropus Hook. f.

E. linnaeoides Hook. f.

Azorella Haastii Hook. f.

A. exigua Hook. f.

A. reniformis Hook. f.; u. a. A.

Aciphylla intermedia Hook. f.

A. brevistylis Hook. f.

A. pilifera Hook. f.

A. trifoliolata Hook. f.

A. deltoidea (Cheeseman) Bth. & Hk. f.

Gentiana saxosa Forst.

[__] *Myosotis antarctica* Hook. f.

M. macrantha Hook. f.

Ourisia macrophylla Hook. f.

O. caespitosa Hook. f.

O. Colensoi Hook. f.

O. sessiliflora Hook. f.

O. glandulosa Hook. f.

O. prorepens Petrie

Euphrasia Munroi Hook. f.

E. revoluta Hook. f.

E. Norae Zelandiae Wettstein

E. Cockayniana Petrie

Plantago Brownii Rap.

P. triandra Berggren

| *Coprosma pumila* Hook. f.

C. repens Hook. f.

Phyllachne truncatella (Col.) F. v. M.   *Abrotanella linearis* Berggren
P. *Bidwillii* (Hook. f.) F. v. M.   A. *caespitosa* Petrie
P. *tenella* (Hook. f.) F. v. M.   A. *inconspicua* Hook. f.
Celmisia incana Hook. f.   A. *muscosa* Petrie
C. *coriacea* (Forst.) Hook. f.   A. *pusilla* Hook. f.
C. *Munroi* Hook. f.; u. a. A.

Der Endemismus dieser Association ist sehr ausgeprägt; denn von den 2 weiter verbreiteten Arten ist *Montia fontana* ubiquitäre Wasserpflanze und *Coprosma pumila* vielleicht erst nachträglich durch seine Beerenfrucht nach den Australalpen gelangt. Wenige echt altoceanische Elemente ausgenommen, gehören die Gattungen vorwiegend zu jenen, die letzthin als »australantarktischer Zweig borealer Typen« angesprochen wurden. Aus der vorstehenden Liste ersieht man soviel, dass das ähnliche Klima in den neuseeländischen Alpen die meisten dieser Genera zu ähnlich lebhafter, ja teilweise relativ formenreicherer Entwickelung veranlasst hat als auf der nördlichen Halbkugel oder den Anden. Über ihre vermutliche Heimat und Wanderungsgeschichte ist aber um so weniger Neues zu sagen, als bei den meisten noch keine monographischen Durcharbeitungen die nötigen Anhaltspunkte liefern. Ihre üppige Entfaltung auf den subalpinen Matten, ihre Widerstandsfähigkeit gegen Frost ohne besondere Anpassungen zeigt jedoch das eine, dass sie Gebirgsländern oder höheren Breiten entstammen. Darum haben sie auch die subtropische Flora, die in der Ebene Neuseelands vorherrscht, von den Bergen fast völlig fernzuhalten vermocht.

Biologie und Organisation.

1. Sträucher.

Die Strauchform repräsentieren auf der Matte nur 1 *Dacrydium* und 1 *Coprosma*; beide Arten leiten sich von sonst in der Waldregion heimischen Gattungen ab und sind als solche, vom Höhenklima stark angegriffen, zu niedrigen Teppichsträuchern mit Nadelblättern geworden. Interessant als kleinste lebende Conifere ist *Dacrydium laxifolium*; ihre nur 15 cm hohen Büsche drücken sich in großen Rasen dem Boden an; dicht dachig umgiebt das wachsbereifte, starre Laub die älteren Zweige und trägt überdies die Stomata in tiefer Cylinderversenkung.

2. Stauden.

Bei Skizzierung des hochmontanen Waldes (s. S. 229) wurde bereits der eminenten Bedeutung des Laubfalls als Schutzmittel der Pflanze gegen Vertrocknung in frostreichen Klimaten gedacht. Selbstverständlich knüpft sich seine Ausbildung an eine conditio sine qua non: die Dauer der warmen Jahreszeit muss lange genug währen, um neben dem Neubau des Assimilationsgewebes Blüte und Samenreife zu ermöglichen. Man weiß, dass die Ansprüche der verschiedenen Gewächse in dieser Beziehung recht ungleich sind, und findet begreiflicher Weise in alpinen Höhen mit ihrer

mehr und mehr sich abkürzenden Vegetationszeit periodische und immergrüne Gewächse mit entsprechend abweichender Gesamtorganisation neben
einander wohnen, je nach der specifischen Anpassungstendenz der vorhandenen Formationsglieder.

Dass kräftige Rhizombildung auch in Neuseelands Gebirgsflora den
meisten Arten die Fruchtreife sichert, bedarf bei der fundamentalen Bedeutung dieser Einrichtung für Alpenpflanzen und ihrer allgemeinen Verbreitung auf sämtlichen Hochlanden der Erde eigentlich kaum der Erwähnung. Vor allem sind natürlich die sommergrünen Stauden darauf
angewiesen. Denn mit dem Erwerb kräftiger Speicherräume für den Winter
wird wenigstens in den unteren Gebirgsniveaus, wo die längeren Sommer
seltener von Frösten gestört sind, bei der steten Feuchtigkeit des Stand-
ortes jedes Hemmnis der Verdunstung für sie entbehrlich; der ganze Bau
kann sich auf ergiebige Assimilation richten, und so entwickeln die Stauden
teilweise eine Üppigkeit, die lebhaft an die hochwüchsigen Subalpinen
unserer eurasiatischen Gebirge erinnert. Zu Tausenden bedeckt *Bulbinella*
die feuchten Weiden, da und dort von den beiden zartlaubigen *Caladenien*
begleitet. Im Centralstock der Südalpen schmückt *Ranunculus Lyallii*
(massenhaft z. B. um den Tasmangletscher[1])) die Bachränder und quelligen
Lehnen, eine $1/2$—1 m hohe Prachtpflanze mit fast 40 cm messenden Schild-
blättern, die in der Jugend nierenförmig, später zu concavem Teller werden,
worin man nicht selten Regenwasser angesammelt findet. Da gerade über den
Leitbündeln der Spreite vertiefte Rinnen laufen, so liegt die Vermutung
directer Wasserreception durch die Epidermis dieser Furchen nahe genug
und wäre experimentell zu prüfen. Das Chlorenchym ist dorsiventral gebaut, doch die Spaltöffnungen führen von oben und unten die nötige
Nahrung herbei. Die Sicherung der Wassercirculation verlangt Biegungs-
und Strebefestigkeit des stark beanspruchten langen Blattstiels; und in der
That sieht man durch hohlcylindrische Anordnung des Stereoms (äußere
Bastbelege der Bündel) den vorteilhaftesten Aufbau erreicht. — Ein anderer
recht formenreicher Artenkreis von *Ranunculus* umfasst etwas niedrigere
Pflanzen mit ebenfalls großen runden, aber tiefgelappten Blättern. Selbst
noch die hochalpinen Arten *R. Buchanani, sericophyllus, Sinclairii* erzeugen
trotz der kurzen Vegetationsfrist in jedem Frühjahr ziemlich zarte Sommer-
blätter. Allerdings schmiegen sie sich in dichten Rasen fest an die wärmende
Erde und erheben sich bei 2000 m nur noch etwa 2 cm in die Luft, während
die Wurzelfasern so tief in den Boden dringen, als die Nachtfröste des
Sommers nicht zu reichen pflegen.

Weit größer ist die Schar der immergrünen Stauden, die zumeist
die Spuren der Verdunstung nicht verbergen, die bei ihnen auch im Winter

1) v. Lendenfeld, Der Tasmangletscher und seine Umrandung. Petermann's Mitteilungen. Ergänz.-Heft 75 (1884). S. 50.

17*

fortdauert.   Sehr klar erhellt der Unterschied gegen die blattwerfenden
Genossen bei *Aciphylla pilifera*, *A. Haastii* und *Celmisia coriacea*, ansehnlichen Pflanzen, die im Gefolge des *Ranunculus Lyallii* auf den unteren
Matten der Centralalpen mit ihm als tonangebende Gesellschaft schalten.
Alle drei haben große, starklederige Spreiten und die Wasserversorgung
scheint leitendes Princip, namentlich bei *Celmisia*. Die Epidermis ist dort
zweischichtig, die Unterseite mit hoher, dichter Filzlage von Lufthaaren
besetzt, die in der Jugend auch die Oberseite bedecken, später aber zu
einem soliden, dünnen Häutchen verwoben fest den Cutinschichten anliegt.
Von lockerem Filz sind auch die Scheiden der ansehnlichen, in Trichter-
rosette gestellten Wurzelblätter umsponnen, dessen Trichome mit dünn-
wandigen Basalzellen das von den Spreiten herabfließende Wasser wie
Fließpapier absorbieren, was besonders bei Abkühlung des Bodens und
gelähmter Wurzelthätigkeit vorteilhaft sein mag. Die ganze Pflanze erinnert
einigermaßen an gewisse *Espeletien* der Paramos (*E. Funckii* Schultz Bip.)[1],
mit denen sie ja manche Lebensbedingungen teilt.

Die pleiotypisch vertretene Scrophulariaceengattung *Ourisia* ist wert-
voll als augenfälliges Beispiel starker Empfindlichkeit des Blattes gegen
die vorhandene Feuchtigkeit: an dumpfigen Schattenplätzen der unteren
Lagen (bis 1500 m) zeigt *O. macrophylla* sehr zartwandige Blätter mit
dünner, ca. 40 qcm messender Fläche; bei den nahe verwandten Arten,
die an feuchten Felsen oder in höheren Regionen vorkommen, sieht man
das Blatt genau den Verhältnissen proportional unter Dickenzunahme stets
kleiner werden, bis es bei *O. caespitosa* 0,5 cm lang, die Außenwand 12 μ
stark gewordem ist. Verkleinerung der Blattfläche beobachtet man auch
sonst; so durch Umrollung an *Euphrasia revoluta* und einigen Gramineen,
die aber sonst als »Wiesengräser« zu betrachten sind.   An den höchsten
bewachsenen Lehnen der Berge gesellen sich noch ein paar immergrüne
Pflänzchen den bereits genannten Ranunkeln zu.   In moosähnlichen Rasen
deckt den Boden *Abrotanella inconspicua* als winziger Vertreter des *Azorella*-
Typus; die Gletscherbäche säumt eine kaum größere Umbellate, *Azorella*
§ *Pozoa exigua*, in deren nierenförmigen Spreiten die wasserspeichernde
Epidermis ein Drittel des Querschnitts einnimmt und nach außen mit 8 μ
hoher Wand und ebenso starker Cuticula gedeckt ist.   Habituell nicht unähnlich und ebenfalls durch interessante Wasserspeicherung des Blattes
erwähnenswert ist *Caltha Novae Zelandiae*. In der Section *Psychrophila* ran-
gierend, besitzt sie zunächst die bekannten nach der Oberseite umge-
schlagenen Blattlappen dieses antarktischen Formenkreises, die GOEBEL[2] (bei
der südamerikanischen *C. dioneaefolia* Hook. f.) biologisch als »System wind-
stiller Räume« vor den auf die Oberseite beschränkten Spaltöffnungen inter-

---

1) Vergl. K. GOEBEL, Pflanzenbiol. Schilder. II. S. 20.
2) S. 26 f.

pretiert hat. Damit nicht genug, vermag sich die Spreite zeitweilig an der Mediane nach oben zu falten und auf diesem Wege den stomatären Apparat nahezu auszuschalten, ganz wie so viele Papilionaten. An *Vicia Orobus* DC. u. a. erinnert auch der abnormale Modus der Arbeitsteilung beider Flächen, der hier deutlich als secundäre Errungenschaft zu erweisen ist. Bei einer hochandinen Art (*C. andicola* C. Gay) führt nämlich die Unterseite noch Schwammgewebe und Stomata, wenn auch weniger als oben; geschwunden sind sie dann bei *C. limbata* Schlecht., in deren Blatt das bifaciale Bauprincip zu walten beginnt. Seine Ausführung ist an diesem ersten Versuche noch unvollkommen, bei *C. dioneaefolia* schon verfeinert, um zur Vollendung zu schreiten bei *C. Novae Zelandiae*, wo an der Unterfläche ein rationelles Wassergewebe mit derber Außenwand lagert.

III 3. Knieholz (»subalpine scrub«).

O *Lycopodium Selago* L.
Dacrydium Bidwillii Hook. f.
D. Colensoi Hook. f.
Phyllocladus alpinus Hook. f.
Astelia nervosa B. & S.
Pittosporum fasciculatum Hook. f.
P. patulum Hook. f.
Coriaria angustissima Hook. f.
— *C. thymifolia* Humb.
Dracophyllum Menziesii Hook. f.
D. Traversii Hook. f.
D. strictum Hook. f.
D. recurvum Hook. f.
D. longifolium (Forst.) R. Br.
D. uniflorum Hook. f.
Archeria Traversii Hook. f.

Coprosma serrulata Hook. f.
Olearia Colensoi Hook. f.
O. nummularifolia Hook. f.
O. dentata Hook. f.
O. lacunosa Hook. f.
O. alpina Buchanan
O. Haastii Hook. f.
O. nitida Hook. f.
O. moschata Hook. f. u. a. A.
Cassinia Vauvilliersii (Homb. et Jacq.)
Hook. f.
Senecio elaeagnifolius Hook. f.
S. rotundifolius (Forst.) Hook. f.
S. robusta Buchanan
S. baccharoides Hook. f.
S. bifistulosus Hook. f.; u. o. A.

Über der Baumgrenze schließt sich auf Neuseelands Bergen dem Buchenwalde gleichsam eine Knieholzzone von wechselnder Ausdehnung an, besonders üppig in feuchteren Gegenden. Auf der Südinsel reicht sie an geeigneten Standorten durchschnittlich von 900—1350 m, steigt aber in den Flussthälern oft viel tiefer herab, wo sie dann nur mit Mühe von den Bewohnern der Terrassen, Kiesauen, Felsen etc. zu scheiden ist. An den Fjorden Otagos treten sogar am Fuße der Berge die subalpinen Büsche von neuem zu geschlossener Formation zusammen: am Strande als schmales Band, auf den Höhen in breiterem Gürtel säumen sie dort oben und unten den dunkeln Mischwald.

Systematisch correspondiert eine Reihe dieser durchweg endemischen Sträucher dem subtropischen und antarktischen Element des Waldes, wo wir auch bereits mehrere Species von *Veronica* in baumartiger Entfaltung sahen. Dieser größten Siphonogamengattung Neuseelands einige Worte zu widmen, dürfte hier der Platz sein. Denn obwohl nur 3 Species dem »sub-

alpine scrub« ureigen sind, strömen dort von den Felsen und Halden
ringsum zahlreiche andere Arten zusammen und vereinigen sich zu dichten
Beständen, deren Physiognomie an die *Rhododendron*-Struppe unserer Alpen
erinnert [1]). In ganz Neuseeland kennt man jetzt 64 zum Teil äußerst
variable Species, wovon 59 endemisch, die meisten in den Ostketten der
Südalpen heimisch sind. Bei ihrer Polymorphie sprechen die Beobachter
einstimmig der Hybridisation jede Beteiligung ab; vielmehr glaubt Am-
strong u. a.[2]), es hätten sich bei der geringen Concurrenz sehr viele
Zwischenformen einer langen Entwickelungsreihe erhalten können; allerdings war bisher noch keine ausreichende Bearbeitung möglich, um die
gegenseitigen Beziehungen aufzudecken. Weit unklarer noch als diese ist
aber ihr Verhältnis zu den borealen Gliedern der ausschließlich ektropischen
Gattung, von deren Areal sie (wie einige Arten von *Carex*, *Coriaria* etc.)
die ganze Breite der Tropen trennt. Diese disjuncten Vorkommen sind
teils als Ruinen ehemaliger Weltherrschaft zu betrachten (vgl. *Coriaria*,
Engler Entw. II. 160 ff. über *Carex pyrenaica*), teils datieren sie wohl
von uralten, im Einzelnen der biologischen Forschung entrückten Landverbindungen (Neumayr's sino-australischem Continent?), wobei freilich
wiederum ungewiss bleiben muss, ob die fraglichen Formen borealer oder
australer Heimat entstammen.

Etwas weniger verdunkelt sind die Relationen der Compositen, die in
Neuseelands Gebirgen unstreitig die dominierende Dynastie darstellen, in
augenfälligem Gegensatz zu ihrer völligen Bedeutungslosigkeit in der auch
hierin indonesisch gefärbten Waldregion, aber in engstem Anschluss an
die Andenkette, wo ebenfalls allenthalben Synanthereengebüsch zwischen
Hochwald und Alpenweiden sich einschiebt[3]). Die *Gnaphaliinae* zwar und
Haastia bleiben problematisch, für die drei anderen und formenreichsten
Gruppen aber, *Asterinae*, *Anthemideae* und *Senecio* wies schon Bentham[4]
auf die untergegangenen Länder der Antarktis hin.

Organisation. Die Strauchflora ist durchgehends immergrün, hinsichtlich der Wasserversorgung vielfach auf günstige Standorte beschränkt
und im Bauplan deshalb den Waldgehölzen einigermaßen entsprechend,
aber doch durch kräftigere Constitution gegen die Unbilden strengerer
Winter gestählt. Noch lebhaft an manche Waldbäume erinnert im Laube
z. B. *Coprosma serrulata*, die allerdings den Westabhang nicht überschreitet
und auch nicht höher als 1200 m geht. Abweichend von der sonstigen
Neigung des Genus ist nämlich die Spreite ihres Blattes ziemlich groß ge-

---

1) W. Sp. Green, The High Alps of New Zealand. London 1888. S. 172.
2) J. B. Armstrong, Synopsis of the New Zealand Species of *Veronica* NZI XIII.
(1880). p. 344 ff.
3) A. Grisebach, Vegel. der Erde. II. S. 435 ff. u. s.
4) G. Bentham, Notes on the Classific., History and Geogr. Distrib. of Compositae.
Journ. Linn. Soc. XIII. (1873.) S. 504, 567.

blieben, und die Außenwand der zweischichtigen Epidermis zeigt jene starke Ausbildung, die viele Gehölze des Tieflandes kennzeichnet. Andere Sträucher dagegen nähern sich bei dem nasskalten Klima der höheren Niveaus zuweilen etwas den von GoEBEL[1]) geschilderten Paramosbüschen, so z. B. *Senecio bifistulosus* mit extremem Rollblatt.

Die Compositen sind im gewissen Sinne mit recht einförmigem Blattbau begabt; alle besitzen Secretionstrichome, gewöhnlich Drüsenköpfchen, aus denen sich an den jugendlichen Phyllomen ein kräftiger Firnis über das 2—3 schichtige Hautgewebe ergießt, um später erhärtet die Cuticula zu ersetzen. Solche lackierten Spreiten sind übrigens, im Gegensatz zu den bisherigen Beobachtungen[2]) auch bei nicht xerophilen Compositen Neuseelands durchaus verbreitet, manche davon bevorzugen sogar sichtlich die regenreiche Westabdachung der Südalpen. Mehr Mannigfaltigkeit herrscht in der quantitativen Laubausbildung; die einen Gehölze sind von kleinen Blättern übersäet (*Cassinia*), andere mit größeren minder dicht besetzt; dazwischen alle Mittelstufen in Länge und Breite. Als Anpassungsform der *Olearia nummularifolia* an trockneres Klima verdient die *var. cymbifolia* der Ostketten Beachtung, mit gedrängten Reihen kleiner »kahnförmiger« Rollblätter rings um die Zweige, eine auffallende Erscheinung des Berg-Scrubs.

Im feuchten Schatten der Gebüsche grünen aus dem Geflecht des *Lycopodium Selago* die beiden einjährigen *Coriarien* hervor, von *C. ruscifolia* der Ebene übrigens hauptsächlich durch graduelle Verschmälerung der Blättchen unterschieden.

IV 4. Triften.

Agrostis pilosa A. Rich.	*Lepidium sisymbrioides* Hook. f.
A. setifolia Hook. f.	*Cardamine fastigiata* Hook. f. .
O *Trisetum subspicatum* Pal.	*Acaena adscendens* Vahl
Danthonia flavescens Hook. f.	*Carmichaelia crassicaulis* Hook. f.
D. Raoulii Steud.	*C. Munroi* Hook. f.
| *D. semiannularis* R. Br.	*Pimelea sericeo-villosa* Hook. f.
D. — var. alpina Buchanan	| *Drapetes Dieffenbachii* Hook. f.
D. Buchanani Hook. f.	*D. Lyallii* Hook. f.
D. nuda Hook. f.	*Epilobium melanocaulon* Hook. f.
Poa Colensoi Hook. f.	*Aciphylla Colensoi* Hook. f.
P. acicularifolia Buchanan	*A. squarrosa* Forst.
P. Kirkii Buchanan	*A. Hectori* Buchanan
Stellaria gracilenta Hook. f.	*A. Traillii* Kirk
Ranunculus Novae Zelandiae Petrie	*A. Lyallii* Hook. f.
R. gracilipes Hook. f.	*Dracophyllum rosmarinifolium* Forst.

---

1) Pflanzenbiol. Schilder. II. 5 ff.
2) G. VOLKENS, Über Pflanzen mit lackirten Blättern. Ber. d. Deutsch. bot. Ges. 1890. 120—140.

D. subulatum Hook. f.	*C. sessiliflora* Hook. f.; u. a. A.
Styphelia Colensoi Hook. f.	*Raoulia grandiflora* Hook. f.
Pernettya tasmanica Hook. f.	*R. glabra* Hook. f.
Gentiana pleurogynoides Griseb.	*R. albosericea* Col.
Veronica cupressoides Hook. f.	*R. apice-nigra* Kirk
Coprosma Petriei Cheeseman	*R. subsericea* Hook. f.
Plantago spathulata Hook. f.	*R. Hectori* Hook. f.
Pratia macrodon Hook. f.	*R. Petrieensis* Kirk
Brachycome Sinclairii Hook. f.	*R. Haastii* Hook. f.
Celmisia discolor Hook. f.	*Gnaphalium Traversii* Hook. f.
C. verbascifolia Hook. f. (?)	*G. nitidulum* Hook. f.
C. Haastii Hook. f.	*G. bellidioides* Hook. f.
C. hieraciifolia Hook. f.	*Helichrysum Youngii* Hook. f.
C. Lyallii Hook. f.	*H. fasciculatum* Buchanan
C. viscosa Hook. f.	*H. depressum* Hook. f.
C. laricifolia Hook. f.	*Cotula pectinata* Hook. f.
C. lateralis Buchanan	*Senecio Lagopus* Raoul
C. Hectori Hook f.	*S. bellidioides* Hook. f.
C. robusta Buchanan	*S. cassinioides* Hook. f.

Das systematische Gepräge teilt diese Gruppe ungefähr mit den Matten, und es wäre dem dort Gesagten nur beizufügen, dass die Compositen bedeutend zugenommen und sich fast zu numerischer Majorität aufgeschwungen haben.

Biologie und Organisation.

Die zusagendsten Standorte finden die Triftpflanzen auf den Voralpen des Ostabfalles, wo die Nässe des Westens fehlt, aber empfindlicher Wassermangel kaum zu fürchten ist, wenn auch zu Zeiten die Transpiration stärker und ungleichmäßiger sein mag, als im unten liegenden Flachland. Schon dort überraschte ein im Verhältnis zu klimatisch gleich situierten Vegetationen extrem zu nennender Xerophytencharakter (S. 246 f). Auf den subalpinen Triftlandschaften nun steigert sich dies Phänomen in solchem Maße, dass ihrer Physiognomie nur die fast regenlosen Hochsteppen Irans mit *Astragalus*, *Acalypha* und *Acantholimon* zur Seite gestellt werden können.

1. Gräser. Ein Blick auf die Artenübersicht lässt als wichtigen Vegetationscomponenten die Gramineen erkennen; alle von dem charakteristischen Bau der Steppengräser, wie wir ihm am Strande begegneten, wie er überall in regenarmen Territorien sich einstellt bis hinauf nach Grönlands Heiden[1]. Der Typus tritt auf den neuseeländer Alpen in mannigfacher Abstufung hervor; bei einigen denkt man an seine extremsten Formen, wenn z. B. *Agrostis setifolia* dem Wüsten-*Lygeum* in allen Einzelheiten gleicht. Die Oberflächenreduction geht am weitesten bei *Poa acicularifolia*, indem an starren, ganz kurzen, stielrunden Blättern die oberseitige Rinne an Breite und Tiefe eine sonst unerreichte Beschränkung erfährt.

---

1) Vergl. E. WARMING, Om Grønlands Vegetation. Kopenhagen 1888.

Dazu kann in der Wurzelscheide das kleine Gras mit *Dichelachne stipoides* der Düne concurrieren.

2. **Ericoide Sträucher.** Bei den Sträuchern der Association fällt vielfach **ericoider Habitus** ins Auge. Bei *Dracophyllum* und *Styphelia* fehlt er ja schon den Verwandten der Ebene nicht; auf den Alpen tritt noch Schutz des Spaltöffnungsapparates hinzu. Bei *Helichrysum* § *Ozothamnus depressum* liegen die Blätter den Zweigen dicht genug an, um die morphologischen Seiten der Spreiten physiologisch umzukehren; sie sind mit dichtem Haarfilz bekleidet, so dass die ganze Pflanze den grauen § *Aphelexis*-Arten des regenarmen Central-Madagascars ähnelt. Ihr Miniaturabbild liefern die lycopodioiden Rasen der *Drapetes*-Arten, deren Tracht in vergrößertem Maßstabe übrigens bei nicht wenigen *Thymelaeaceen* Australiens wiederkehrt.

Völlig vereinsamt hingegen unter ihren Stammesgenossen stehen *Veronica cupressoides* und *Senecio cassinioides* durch ericoides Aussehen, und sie werden um so auffälliger darin, als sie schattige Plätze der Flussterrassen aufsuchen, wo sonst so starker Transpirationsschutz vermeidlich scheint. Goebel[1]) gelang es bei *Veronica*, die er mit Wüstenpflanzen (*Polyclados cupressinus* Phil. der Atacama) vergleicht, in feuchter Luft gut ausgebildete Blattspreiten zu erzielen, und Mr. Cockayne hat mir mitgeteilt, dass sie — und ebenso *Senecio* — Primärblätter erzeugt, die von den späteren völlig abweichen. Da ich mir Material von solchen Jugendformen nicht verschaffen konnte, muss ich mich hier begnügen, auf die weitere Verbreitung ähnlicher Erscheinungen in der neuseeländischen Flora (s. SS. 232, 279) hinzuweisen, die wegen ihrer Bedeutung für Systematik und Geschichte der betr. Arten eingehender Beobachtung im Heimatlande wert sind.

3. **Blattarme Stauden und Sträucher im subalpinen Niveau.** Bei etwa 1000 m werden die gewöhnlichen Tussock-Gräser in manchen Gegenden von einem Gewächs ersetzt, das man ebenfalls nach den schmalen, spitzen Blättern für eine Graminee halten könnte, würden nicht seine Blüten die Composite verraten: *Celmisia Lyallii*. Den bei dikotylem Laube einzig dastehenden Bau wird Fig. 5 C erläutern: auch in ihm sind deutliche Anklänge an die Blattstructur eines Steppengrases nicht zu verkennen. Demselben Typus gehören die *Aciphyllen* an, die aus dicken Rhizomrüben steife Schwertblätter entsenden und vor der Urbarmachung des Landes von *Discaria* unterstützt die subalpinen Triften und Kiesauen in undurchdringliches Dornendickicht hüllten. In vieler Beziehung erinnern diese Umbellaten an die xerophilen *Eryngien* der Pampas. Und da man das reichgegliederte Laub ihrer auf den Matten heimischen Verwandtschaft auch bei den Vorfahren voraussetzen darf, so wären ihre Spreiten wie bei jenen *Eryngien* auf den verbreiterten Hauptnerv und einige Teilmedianen

---

1) Pflanzenbiol. Schilder. I. 19.

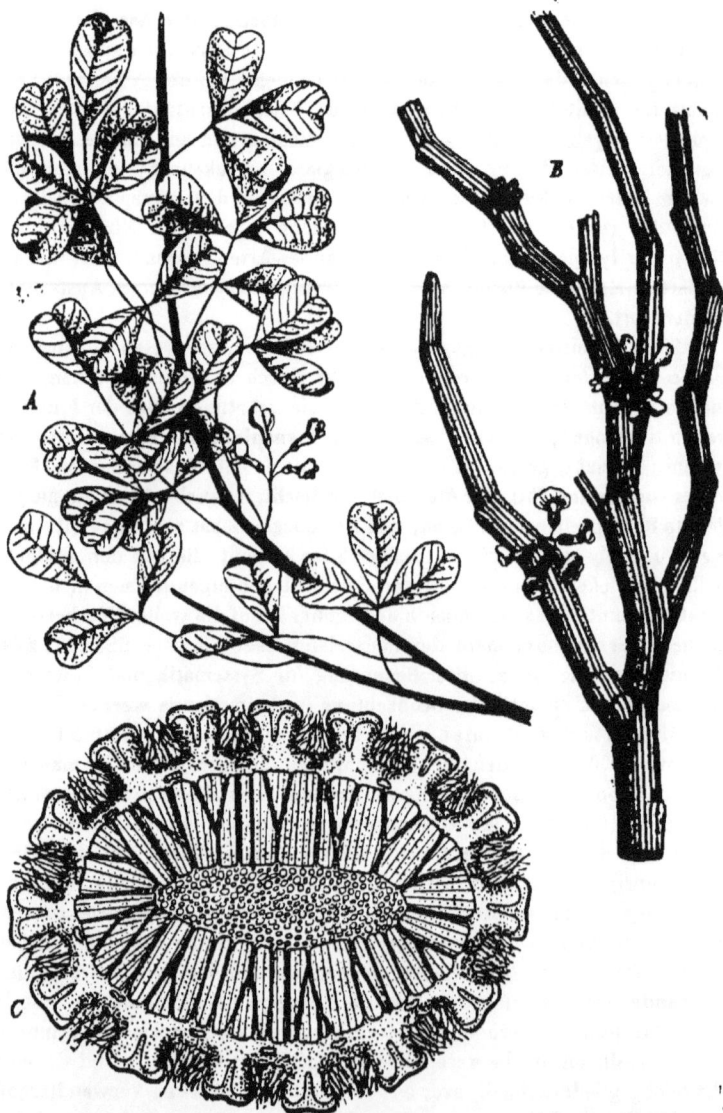

Fig. 4. *Carmichaelia. A C. exsul* F. v. M. Habitus $^1/_1$. — *B, C C. crassicaulis* Hook. L
B Habitus $^1/_1$; *C* junger St. $=$ (schematisch) $^7/_1$.

reduciert. Die letzten Spuren davon deutet bei *A. Lyallii* noch schwache Zähnung der Blätter an, bei den anderen ist auch diese geschwunden. Für *A. squarrosa* (Waldregion s. S. 242) hat schon Möbius[1]) die anatomische Ähnlichkeit ihrer Assimilationsorgane mit den *Eryngien* betont: das Chlorenchym, von starkem Stereom gestützt, umgiebt ein lacunöses farbloses Gewebe, worin zahlreiche Leitbündel in monokotyloider Anordnung verlaufen. Die starkwandige Epidermis trägt Wachsbelag, die Stomata sind eben eingefügt. Bei der alpinen *A. Lyallii* erscheint das innere Parenchym dichter und für Wasserspeicherung tauglicher. Endlich bei *A. Colensoi* ist zwar die Binnen-Durchlüftung weniger eingeschränkt, aber die Transpiration nach außen durch energische Mittel herabgesetzt (Fig. 5 *A*). Für die geographische Verbreitung muss bemerkt werden, dass sich der letzte Xerophyt vom feuchten Westhang völlig fern hält.

Gleiches gilt vom Vorkommen eines *Carmichaelia*-Strauches, den man zwischen 600 und 1500 m hier und da auf steinigen Halden beobachtet. Die Anpassung dieser subtropischen Gattung an zunehmende Trockenheit konnte oben (S. 247 f.) Schritt für Schritt verfolgt werden: auf den dürren Hängen der Voralpen sehen wir die ganze Entwickelung in *C. crassicaulis* gekrönt (Fig. 4 *A, B*). Ihre jüngeren Zweige gewähren im Querschnitt das Fig. 4 *C* dargestellte Bild, das dem Kenner in allen Einzelheiten *Genista Haetam* Forsk. der Sahara[2]) ins Gedächtnis ruft; nur dass weit mehr Material in Epidermis, Bast und Libriform der Festigung und damit dem Trockenschutz geopfert wird. So ist der Busch nicht wie jener ein biegsamer Besen, sondern senkrecht in die Luft starrend trotzen seine dicken Äste regungslos den Bergstürmen. J. B. Armstrong[3]), der des Fruchtbaues halber diese Art von *Carmichaelia* abtrennen will, gab in *Corallospartium* seiner neuen Gattung einen glücklichen Namen. Ihr fester Bau verhindert jedes Schütteln, das der Ausdünstung förderlich sein könnte, vor allem aber wehrt dem Dampfaustritt die enorme durchweg cutinisierte Außenwand der Epidermis, die über den Trägern 25 μ misst und dem ganzen Astwerk eine intensiv gelbe Farbe leiht, fein gestreift von den schmalen dunklen Linien der Chlorenchymfurchen. Die Pflanze ist übrigens auf die trockeneren Striche der Ostkette beschränkt und kommt selbst dort nur sehr vereinzelt vor. Denn Früchte sind spärlich, Sämlinge noch seltener, und schon Armstrong äußert die Befürchtung, die Tage dieses merkwürdigen Gewächses seien gezählt.

4. Polsterstauden. Neben der Schar niederer Gewächse, deren lederige Blätter außer versteckten Spaltöffnungen u. s. w. nichts Bemerkens-

1) M. Möbius, Untersuch. über die Morphol. und Anatomie der monokotylen-ähnlichen Eryngien. — Pringsheim's Jahrb. XIV, XVII.

2) Vergl. G. Volkens, Zur Kenntnis der Beziehungen zwischen Standort und anat. Bau .... Jahrb. d. Berlin. Bot. Gart. III. S. 26, Taf. 1. f. 15—16.

3) J. B. Armstrong, On the genus *Corallospartium*. NZI XIII. (1880). p. 333 f.

wertes zeigen, verdanken viele Stauden einen auffälligen Habitus ihrem
teppichartigen Wuchs und dachiger Anfügung der Blätter, die bei *Stellaria
gracilenta* wie an so vielen eurasiatischen *Alsinoideen* ericoid gestaltet, in den

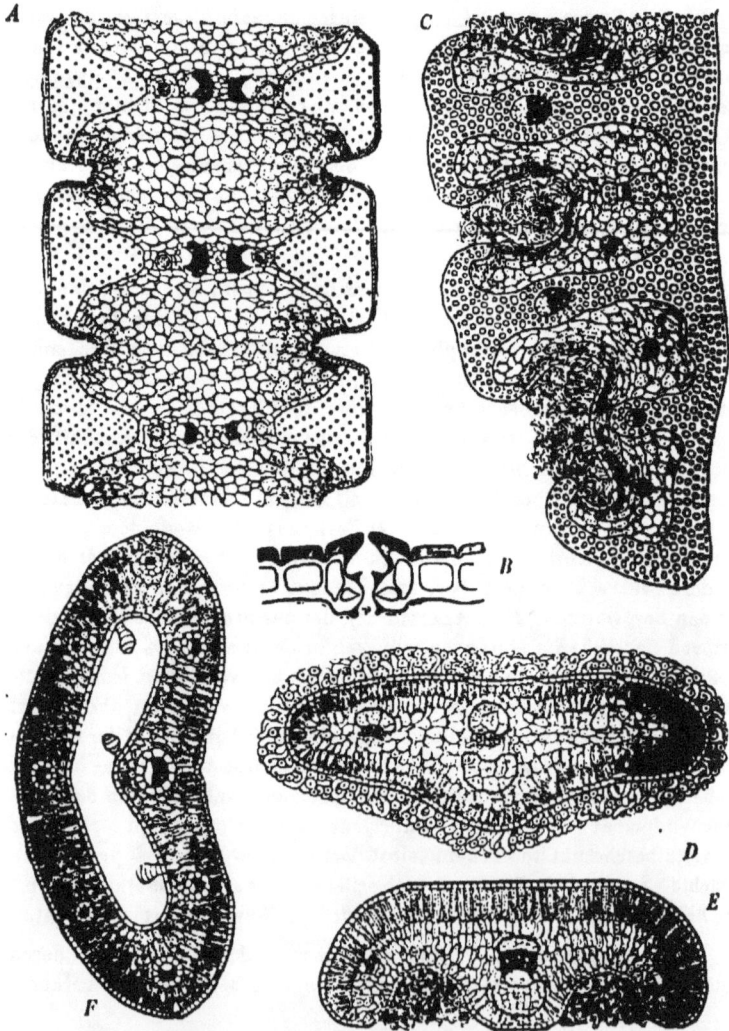

Fig. 5. Typen der Alpenregion II. Triftpflanzen. *A Aciphylla Colensoi* Hook. f. B. z. T.
= ⁴⁵/₁. — B *A. Dieffenbachii* F. v. M. (Xerophyt auf Chatamsinsel). Spaltöffnung = ³⁹³/₁. —
C *Celmisia Lyallii* Hook. f. B. z. T. = ⁴⁵/₁. — D *C. sessiliflora* Hook. f. B. = ⁶⁰/₁. — E *C. laricifolia* Hook. f. B. = ⁶⁰/₁. — F *C. lateralis* Buchanan B. = ⁶⁰/₁.

meistenFällen aber breiter sind. Namentlich gilt dies von der formenreichen, stets in Polstern wachsenden Arten der Gattung *Raoulia*, die endemisch ist auf den neuseeländischen Gebirgen. Von dort steigen manche Species mit den Bächen bis zu Meereshöhe nieder, wo ihr Wuchs recht gelockert wird, aber schon an der unteren Grenze der Alpenzone erscheint an ihrer Seite in *R. Haastii* ein echter Xerophyt: feste, wollige Rasen von ansehnlicher Größe, an winzigen Blättern die Stomata unter 16 μ starker Wand geborgen und zudem von Deckhaaren überschattet.

Wie bei noch extremeren Compositen-Formen dieses *Aretia*-Typus, die wir demnächst kennen lernen, bestehen die Polster größtenteils aus den abgestorbenen Partien früherer Jahre, deren Wirksamkeit als Stoffspeicher und Feuchtigkeitsreservoir als bekannt vorausgesetzt werden darf. Für die Charakterisierung der neuseeländischen Ostalpen sind diese Pflanzen von hohem Interesse; denn wenn wir uns auf der Erde nach ähnlichen Gewächsen umschauen, werden wir wiederum aus Irans dürren Gebirgen in ihren *Dionysien* die passendsten Analogien gewinnen, oder auch von Perus öder Puna, wo eine Reihe aretioider Tubulifloren (*Lucilia, Maja, Werneria*) sich der traurigen Landschafts-Scenerie stimmungsvoll einfügen. Andere Bahnen der Anpassung hat *Raoulia grandiflora* eingeschlagen, die niemals unter 1500 m herabgehend zu den Hekistothermen des Hochgebirgs zählt; ein dünnes, doch festes Gespinnst englumiger Trichome überzieht die starren Blätter, deren kleine Leitbündel sämtlich von mächtigen, verholzten Baststrängen begleitet sind: wiederum ein prägnantes Beispiel enormer Stercom-ausbildung bei imbricat beblätterten Pflanzen. Zweifellos hängt sie mit der eigentümlichen Belaubung direct zusammen, sofern dicht angepresste Blätter gewissermaßen mit dem Stamme zu einem Organ verschmelzen, dessen auf die Peripherie gewiesenes Stereom in die Blätter verlegt werden muss. Damit zerfällt aber das mechanische System in zahlreiche kurze Componenten, und der bei continuierlichen Trägern erreichbare Effect muss jetzt durch entsprechende Stärkung der einzelnen Elemente erkauft werden.

Die Plasticität der vegetativen Organe bei *Raoulia* wird von *Celmisia* noch übertroffen, deren Arten dabei zuweilen lebhaft an die engverwandten andinen *Aster* und *Erigeron* erinnern. Ganz abweichend von allen bisher erwähnten, einander schon so unähnlichen Arten (s. SS. 244, 260, 266) treten bei *C. sessiliflora* (Fig. 5 *D*) echte Nadelblätter auf, in grundständiger Rosette die stengellosen Köpfchen umkränzend. *C. laricifolia* (Fig. 5 *E*) hat ein Mittelding zwischen Nadel- und Rollblatt wie unsere *Loiseleuria* zu eigen: unterseits liegen zwei tiefe haarerfüllte Furchen mit den vorgezogenen Spaltöffnungen. Auch erhellt deutlich, wie wichtig hier der starke Bastcylinder am Leitbündel zur Erhaltung der Constructionsform bei Turgorschwankung werden kann. Nur unwesentlich weicht von ihr im Habitus *C. lateralis* ab; höchstens, dass das Laub sich dichter den Zweigen anschmiegt. Um so mehr überrascht im Innern der seltsame Bau des Nadelblattes (Fig. 5 *F*). Auf Längsschnitten findet man von oben bis unten eine centrale Höhlung die Spreite durchlaufen, die an der Spitze blind endigend, nur mit enger Basalpforte nach außen sich öffnet, sodass das Ganze etwa aussieht, als wären die umgebogenen Ränder eines *Empetrum*-Rollblatts (allerdings mit oberseitigen Spaltöffnungen!) der Länge nach mit einander verwachsen. Bedeutet nun diese Organisation bloß einen vollständigen Sieg des transpirationsfeindlichen Reductionsprincips? Oder dient etwa die eigentümliche Röhre dem Wasserverkehr? Dafür spricht wohl entschieden die Lage der Mündung am Blattgrund, wo sich Regentropfen sammeln müssen, ferner die Enge des Canals, der das Wasser capillar heben und durch seine zarte spaltöffnungslose Wand mühelos dem Inneren zuführen kann. Unentschieden bleibt dabei vorläufig die Aufgabe der zahlreichen Drüsen, so lange man von der (hygroskopischen?) Qualität ihrer Ausscheidungen nichts näheres weiß.

Secernierende Trichome von verschiedener Form sind übrigens auch bei den breitblättrigen *Celmisien* häufig (*C. Haastii, hieraciifolia* und *C. Traversii*); bei vielen kehren daher die Lackblätter der Knieholz-*Compositen* wieder, und auch der unterseitige Filz jener Büsche fehlt ihnen so wenig, wie *C. viscosa, robusta, discolor* und *Senecio lagopus*); nur ist er gewöhnlich noch dichter als bei den Verwandten des subalpinen Gebüsches. In solcher Rüstung steigen diese Compositenstauden bis hinauf zur Grenze des Pflanzenwuchses, freilich überall ganz dürre Standorte meidend und am liebsten an Stellen, wo der schmelzende Schnee sie tränkt, ihre Formenfülle entfaltend; denn *Celmisia* ist unstreitig auf den Triften die reichst entwickelte Gattung. Auf Neuseeland beschränkt (nur 1 Art nach Australien verschleppt), und schon jetzt auf 46 »Arten« taxiert, giebt sie für den autochthonen Progressivendemismus noch ein weitaus bemerkenswerteres Beispiel ab, als *Carmichaelia* in der Waldregion. Ihr engbegrenztes abgeschlossenes Verbreitungsgebiet, die hieracienartige Menge und Mannigfaltigkeit der offenbar noch jungen Formen, die mit keinem fremden Florengebiet in Austausch treten können, dazu die relativ leichte Beurteilung der klimatischen Verhältnisse würden dem ansässigen Botaniker für eine Monographie dieser Gattung Vorteile gewähren, wie sie nur selten der Forschung sich darbieten. Und dass es trotz der starken Differenzierung der Vegetationsorgane (Fig. 5 *C—F*) hier gelingen dürfte, in der ganzen Gruppe die lückenlose Evolutionsreihe e i n e s Typus (nebenbei als genauen Maßstab der exogenen Bedingungen) zu erweisen, davon bin ich schon unter dem Eindruck von unzulänglichen Herbarstudien überzeugt.

V. Felsenpflanzen.

V 5. Felshygrophyten (meist ombrophil).

() *Cystopteris Novae Zelandiae* Armstrong   *Trisetum Youngii* Hook. f.

     Aspidium cystostegia Hook. f.   [__] *Marsippospermum gracile* Buchenau

Poa foliosa Hook. f.
P. dipsacea Petrie
P. Mackayi Buchanan
Epacris alpina Hook. f.
| Pentachondra pumila (Forst.) R. Br.
Veronica linifolia Hook. f.
V. nivalis Hook. f.
V. macrantha Hook. f.

V. carnosula Hook. f.
V. pinguifolia Hook. f.; u. a. A.
Plantago lanigera Hook. f.
Coprosma cuneata Hook. f.
Celmisia Walkeri Kirk
C. rupestris Cheeseman
C. bellidioides Hook. f.; u. a. A.
Cotula pyrethrifolia Hook. f.

In anatomisch-biologischer Hinsicht bietet diese Gruppe nichts Neues; in ihren Lebensbedingungen dürfte sie durchschnittlich etwa den Triftpflanzen gleichstehen. Erwähnung verdient die schon von Simon [1]) beobachteteVersteifungseinrichtung der Pentachondra-Epidermis, Verdickungsmassen an den Radialwänden. — Die Gestalt des meist dicht zusammengedrängten Laubes der Felssträucher beherrscht die »Myrtenform«, wobei auf Elimination der cuticulären Ausdünstung durch starke Wandverstärkung besonderes Gewicht gelegt scheint. Außer den zarten, sommergrünen Wedeln des Aspidium cystostegia ist in dieser Beziehung allein Veronica linifolia schwächer ausgestattet, die allerdings nur in ständig von Quellen benetzten Felswänden wurzelt.

V 6. Felsxerophyten.

O Asplenium Trichomanes L.
L Gymnogramme rutaefolia R. Br.
Carex acicularis Boott.
L Colobanthus subulatus Hook. f.
C. acicularis Hook. f.
C. Billardieri Fenzl
_ C. quitensis Bartl.
Cardamine latesiliqua Cheeseman
Poranthera alpina Cheeseman
|) Stackhousia minima Hook. f.
Pimelea Traversii Hook. f.
P. buxifolia Hook. f.
Epilobium pycnostachyum Hausskn.
E. brevipes Hook. f.
E. polyclonum Hausskn.
E. crassum Hook. f.; u. a. A.
Aciphylla Munroi Hook. f.

A. montana Armstrong
Ligusticum aromaticum B. & S.
L. Enysii Kirk
Angelicus decipiens Hook. f.
Dracophyllum Kirkii Berggren
Epacris affinis Col.
Styphelia affinis Col.
Myrsine nummularia Hook. f.
Veronica Colensoi Hook. f.
V. vulcania Hook. f.
V. amplexicaulis Armstrong; u. a. A.
Raoulia mammillaris Hook. f.
Helichrysum microphyllum Hook. f.
H. coralloides Hook. f.
H. Selago Hook. f.
Senecio Haastii Hook. f.
S. Bidwillii Hook. f.

Existenzmittel und Structur dieser Gewächse sind mit denen der tiefer wohnenden Felspflanzen ziemlich identisch, und um Wiederholung thunlichst zu vermeiden, kann nur auf einige besonders markante Erscheinungen gewiesen werden : auf Neuseelands einzigen wollbekleideten Farn, Gymnogramme rutaefolia, auf das extreme Rollblatt der Poranthera, Colobanthus' starres Nadellaub, namentlich aber auf die drei cupressoiden Helichrysum-

---

1) Simon, Beitr. zur vergl. Anat. der Epacridaceen und Ericaceen. Engler's Bot. Jahrb. XIII. (1894.) 15—46. S. 18.

Sträucher. So ‚fest drängt ihr Laub sich an die Äste, dass, wie Sir J.
Hooker bei *H. coralloides* bemerkt, »die Blätter Auswüchse des Stammes scheinen«. In Wahrheit liegen kleine Spreiten wie Dachschindeln
auf einander gepresst. Besonders *H. coralloides* (Fig. 6 *A, B*), auf Marlboroughs
heißen Felsen heimisch, rivalisiert in der Starrheit des ganzen Körpers mit
Carmichaelia crassicaulis; denn abgesehen von dem starken Strange lumenloser Stereiden, der das mediane Bündel stützt, ist der Hautpanzer von seltener Consistenz (Wand 33 μ, Cuticula 14 μ!). Der innenliegenden Epidermis (morphol. Obers.) entspringen Trichome, um mit Haaren noch den engen
Spalt zu verstopfen, der zwischen Blatt und Stamm sonst der Außenluft
Zugang gewährte — im Ganzen eine sehr extreme Durchführung des *Lepidophyllum*-Typus, den Goebel [1]) auf den Anden, wo er bis zur Südspitze
des Continents nicht ganz selten ist, an *Lepidophyllum* beschrieb und auch
von Kapcompositen registrierte (*Phaenocoma prolifera* Don). Im eurasiatischen Gebiet vermisst man diese seltsame Vegetationsform bei allen Angiospermen; ihre einzigen Vertreter hier recrutieren sich aus den Coniferen;
namentlich bekannt sind ja die petrophilen *Juniperus*-Sträucher der Mittel-
meermacchien (*J. phoenicea* L., *J. Sabina* L.).—Endlich ein Wort über *Epilobium crassum*, in dessen Fig. 6 *C* illustriertem Querschnitt man die Blattstructur von *Caltha*, freilich ohne Lamellen, doch anderweitig vervoll-
kommnet wiedererkennen wird. Auffallend ist vor allem die Spaltöffnungs-
losigkeit der Unterseite. Denn (nach Herbarmaterial wenigstens) stehen die
eirunden Blätter weder vertical, noch können sie sich zusammenklappen,
was ja in allen ähnlichen Fällen die abnorme Verteilung der Stomata moti-
viert. Durch Anfüllung mit Schleim wird die Leistungsfähigkeit des voluminösen Wasserspeichers so gesteigert, wie es nur von den Cacteen allgemein bekannt ist. Welche Bedeutung dagegen dem massenhaft vorhandenen
Gerbstoff des Wassergewebes zukommt, muss bei unserer Unkenntnis seiner
physiologischen Function noch unbeantwortet bleiben.

VI 7. Geröllpflanzen.

Ein sehr individuelles Gepräge verdanken einzelne Teile der Neuseeländer Alpen ausgedehnten Geröllhalden, die oft ganze Bergzüge an den
Hängen meilenweit überlagern. Mr. Cockayne verdanke ich eine anschau-
liche Schilderung ihres Charakters, der ich folgendes (in Übersetzung)
entnehme: »Unter shingle-slip verstehen wir Anhäufungen jenes steinigen
Detritus, den die Verwitterung der Feste liefert. Unsere Berge sind zuweilen vom Gipfel bis zum Fuße damit bedeckt: in den Craigieburn Mountains z. B. erstrecken sich über Tausende von Quadratkilometern solche
immensen Schuttfelder, an manchen Stellen von dem Kamme (2100 m) bis
zum Tafellande unten (600 m) reichend. Sie bestehen aus ganz lockeren

---

1) Pflanzenbiol. Schilder. II. 32.

Steinen, die sich fortwährend in allmählichem Herabrutschen befinden.
Furchtbare Stürme fegen darüber hin; eine Schneedecke begräbt sie mindestens zwei Monate lang während des Winters, im Sommer erhitzen sich
die Steine an der Sonne dermaßen, dass man sie kaum anfassen kann; aber
selbst dann sind Nachtfröste nicht unbekannt. Gräbt man etwa einen Fuß
tief nach, so stößt man auf stets feuchtes Gestein, während die Oberfläche
keinen Tropfen Wasser entdecken lässt«.

Den Centralalpen Europas fehlen Geröllbildungen von derartiger Mächtigkeit bekanntlich durchaus; das feuchte Klima lässt es zu einer Ansammlung
des Schuttes nur in kleinem Maßstabe kommen. Denn zur rechten Ausbildung
des Phänomens gehören zwei Factoren: heftige Temperaturschwankungen,
die am energischsten die Felsen zertrümmern, und relative Trockenheit,
die sowohl rasche Entfernung der Detritusmassen verhindert, wie vor
schneller Umbildung durch Pflanzenarbeit bewahrt. Demgemäß sieht man
im mediterranen Gebirgssystem solche Bildungen von den Dolomiten Tirols
an nach Südosten mehr und mehr zunehmen, bis sie in Iran zur größten
Ausdehnung gelangen. Noch mächtiger aber sind sie in den Wüstendistricten
der Centralanden entwickelt. Alle dort gereisten Forscher heben die gerundeten Formen der rings in ihrem eigenen Schutt begrabenen Gipfel
hervor, die in nichts an die wechselvollen Linien unserer Alpen erinnern.
Und genau so schreibt COCKAYNE, von ferne sähen diese geröllbedeckten
Züge (z. B. M. Torlesse, Kaikoura Mts. etc.) aus wie gewaltige Sandhügel.
Ihre volle Entfaltung finden in Neuseeland die »shingle slips« demgemäß
nur auf den östlich hinter dem Hauptkamm gelegenen Ketten, wennschon
sie local auch der Nordinsel nicht fehlen, deren hohe Vulkanzinnen z. B.
weithin in Schlacken und Asche gehüllt sind.

Die Bedingungen des Pflanzenlebens wird man leicht dem Mitgeteilten
entnehmen. Denn mögen sich auch an die bedeutende Verticalausdehnung
der Geröllflächen mannigfache Modificationen knüpfen, die Hauptzüge bleiben
überall die gleichen: starke Evaporation und schroffe Temperaturwechsel
bis zu 40° und darüber. Wie oft mag daher das Wasserwerk versagen, das
ein Fuß unter der Erde die Wurzeln tränkt, wenn Hitze und Wind die
Verdunstung entfachen, wenn der Föhnsturm rast, der je näher den warmen
Niederungen um so dörrender wird, oder wenn im Winter tief der Boden
gefriert an den vielen Plätzen des Berglandes, wo sein Relief niemals eine
Schneedecke sich schichten lässt!

Für die Vegetation gehören naturgemäß auch die Moränen zu den Geröllflächen; ferner möchte ich ihnen die steinigen Gipfelplateaus über
2000 m zurechnen. Denn dort schlagen die Pflanzen zwar in etwas festerem
Substrate Wurzel, leiden aber unter Sturm und Kälte um so schlimmer.

Aus der so umgrenzten Geröllformation werden manche Glieder nicht
selten hinabgeschwemmt in die Flussauen, andere verschmähen auch die
trockenen Weiden und Felsgehänge] der Umgegend nicht, aber die Mehr-

zahl scheint an das Geröll gebunden. Im ganzen glaube ich für folgende 75 Species hier die eigentliche Heimat:

Weiter verbreitet:

[Tasm.] Podocarpus nivalis Hook. f.	Myosotis Traversii Hook.f.	Wahlenbergia cartilaginea Hook. f.
Urcinia Sinclairii Boott	M. concinna Cheeseman	Lobelia Roughii Hook. f.
[Tasm.] Exocarpus Bidwillii Hook. f.	Veronica Haastii Hook. f.	Raoulia subulata Hook.f.
Sisymbrium Novae Zelandiae Hook. f.	V. epacridea Hook. f.	R. eximia Hook. f.
Acaena glabra Buchanan	V. lycopodioides Hook. f.	R. Goyeni Kirk
Pimelea Lyallii Hook. f.	V. Hectori Hook. f.	Haastia Sinclairii Hk.f.
Aciphylla filifolia Hook. f.	V. tetragona Hook. f.	Helichrysum Colensoi Hook. f.
A. imbricata Hook. f.	V. salicornioides Hook. f.	H. grandiceps Hook. f.
Dracophyllum prostratum Kirk	V. loganioides Armstrong	Craspedia alpina Backh.
	V. tetrasticha Hook. f.	
	V. § Pygmaea ciliolata Hook. f.	
	V. § P. pulvinaris Hook. f.	

Tararua (und Ruapehu, R.):	Wairau-Torlesse:	Lake:
		Poa exigua Hook. f.
		P. pygmaea Buchanan
	Luzula Cheesemanii Buchenau	
	L. pumila Hook. f.	
Muhlenbeckia muricatula Col. (R.)		
	Stellaria Roughii Hook. f.	
		Hectorella[1] caespitosa Hook. f.
		H. elongata Buchanan
	Ranunculus Haastii Hook. f.	Ranunculus chordorhizos Hook. f.
	R. crithmifolius Hook. f.	R. pachyrrhizos Hook. f.
	Nothothlaspi australe Hook. f.	Nothothlaspi Hookeri Buchanan
	N. rosulatum Hook. f.	N. notabile Buchanan
	Lepidium Solandri Kirk	Pachycladon Novae Zelandiae Hook. f.
	[Tasm.] Swainsonia Novae Zelandiae Hook. f.	
Pimelea polycephala Col. (R.)	Aciphylla carnosula Hook. f.	Aciphylla Dobsoni Hook.f.
		A. simplex Petrie
|] Logania depressa Hook. f.		|] Dracophyllum muscoides Hook. f.
		Logania tetragona Hook.f.
		L.[2]Armstrongii Buchanau
		[Mitrasacme][2] Hookeri Buchanan
		[M.][2] Petriei Buchanan
		Myosotis alboserichea Hk.f.
		M. uniflora Hook. f.
		M. Cheesemanii Petrie
		M. pulvinaris Hook. f.
		M. Hectori Hook. f.
		Veronica § Pygmaea Thomsoni Buchanan
Raoulia rubra Buchanan	Raoulia bryoides Hook. f.	Raoulia Parkii Buchanan
Haastia Loganii Buchan.	Haastia pulvinaris Hook.f.	Haastia montana Buchanan
	H. recurva Hook. f.	
	Helichrysum Sinclairii Hk.f.	
	Cotula atrata Hook. f.	

---

1) *Hectorella* stellt Hooker (Handbook S. 27) [und Pax (Engler-Prantl, Pfl. III 1b, S. 58)] zu den Portulacaceen, und zwar wegen der 2 »Kelchblätter«. Diese

Sie sind nahezu sämtlich endemisch. Bei 10 % zeigen sich deutlich nahe Beziehungen zu verwandten Arten der niederen Regionen. Für 6 Species (7 % ca.) treten auf den Gebirgen Tasmaniens und Ostaustraliens vicariierende Formen ein, von denen besonders *Exocarpus* und *Swainsonia* zu beachten sind: in Neuseeland nur mit 1 Art, in Australien polytypisch entwickelt. Daraus aber auf recente Ansiedelung dieser Pflanzen von Tasmanien her schließen zu wollen, ist bei den sonderbaren Verbreitungserscheinungen von *Podocarpus* und *Exocarpus* wenig rätlich, zumal die ganze Geröllflora den Stempel höheren Alters trägt. Meist gehören ihre Arten ja allerdings Gattungen an, die in den Alpen Neuseelands überhaupt gut vertreten sind (*Ranunculus, Aciphylla, Veronica* u. s. w.); aber da ihr Habitus und viele morphologischen Merkmale durch Anpassung stark geändert sind, könnten allein Monographien der betr. Genera vielleicht feststellen, ob und wo sich nähere Verwandte finden. Außerdem aber mangelt es nicht an Species und Gruppen, die innerhalb ihrer Gattung recht isoliert stehen: *Stellaria Roughii*, die 5 *Myosotis* mit einzelnen Terminalblüten, *Veronica* § *Pygmaea*. Endlich darf erwähnt werden, dass die Haldenflora neben dem subtropischen Walde die einzige Formation der Insel ist, die über mehrere generische Endemismen verfügt; und während dort die Verwandtschaft in den meisten Fällen keinem Zweifel unterliegt, bleibt für *Hectorella* (*Caryophyllaceae*), *Nothothlaspi, Pachycladon* (*Cruciferae*) und *Haastia* (*Compositae*) der Anschluss an andere lebende Sippen viel problematischer.

Die Verbreitungscentren der Geröllpflanzen fallen natürlich mit den Hauptentwickelungsgebieten der shingle-slips zusammen, die wie bereits hervorgehoben trockenere Alpengegenden bezeichnend, alle auf der Leeseite des Centralstockes liegen, ohne jedoch miteinander in ununterbrochener Verbindung zu stehen. Eine Reihe hochalpiner Pflanzen, die in den

---

Phyllome kommen aber auch bei *Lyallia* (Kerguelen) vor, und werden hier als sepaloide Hochblätter gedeutet. Andrerseits unterscheidet sich *Hectorella* von sämtlichen Portulacaceen durch episepale Staubblätter, wie ich mich an jüngst erhaltenem Material überzeugte. Man wird sie daher mit *Lyallia* und *Pycnophyllum* (Anden), denen sie habituell so auffällig gleicht, ohne Bedenken als stark reducierte Caryophyllacee auffassen können. Die Blütenformel, mit *Lyallia* zusammengestellt, stimmt ja aufs beste mit vielen Alsinoideen:

> *Hectorella* ♂—♀ Br 2, S 5, P 0, A 5 + 0, Cp. (2 [?]).
> *Lyallia*   Br 2, S 4, P 0, A 2 + 0, Cp. (2 [?].).

Pycnophyllum verhält sich ähnlich; die Angaben über die Zahl seiner Blütenteile sind aber wegen differenter Auffassungen der Autoren nicht vergleichbar.

2) Von diesen Arten kenne ich nur eine in einem blütenlosen Herbarexemplar, alle anderen lediglich durch Bucanan's Abbildungen (NZI XIV Taf. 28,3—30,1). Aus den dort gegebenen Analysen erhellt aber, dass sie nicht zu *Mitrasacme*, bei oligomerem Andröceum und mangelnden Nebenblättern überhaupt nicht zu den Loganiaceen gehören. Einige davon dürften sich gelegentlich als *Veronica*-Formen entpuppen.

Zwischengebieten keine zusagenden Lebensbedingungen fanden, haben sich deshalb nur ein recht beschränktes Gebiet zu erobern vermocht, sodass die drei bedeutendsten Geröllterritorien an localisierten Endemismen sich nicht arm erweisen (s. Liste): So hat man in der Südostecke der Nordinsel auf den Ruahine- und Tararuabergen bis jetzt 3 eigentümliche Formen gesammelt. Bedeutender ist der Reichtum in Südost-Nelson bis Nord-Canterbury (Wairau-Torlesse) mit wenigstens 13, und im Lake-District (S-Canterbury bis N-Otago) mit mindestens 17 verschiedenen Arten. die in obiger Liste zum Vergleiche stehen; man wird bald erkennen, dass an Vicarieren nur bei sehr wenigen zu denken ist.

Biologie und Organisation.

Wasserversorgung. In dem locker steinigen Substrat, von dessen Oberfläche Sonne und Wind in dünner Alpenluft jede Spur von Feuchtigkeit bald verschwinden lässt, ist sofort als wesentliche Existenzbedingung gehörige Wurzellänge erkennbar, um die etwa 0,3 m unter der Erde ruhende Feuchtigkeitsquelle zu erreichen. Dass infolgedessen, wie auf den Dünen der ganzen Erde so im Geröll aller Gebirge, die Gewächse sich durchgehends vor den übrigen Pflanzen in diesem Punkte auszeichnen, bedarf um so weniger der Begründung, als die Erfordernisse der Festigung ja gleichsinnig wirken. Directe Messungen, wie sie darüber sonst wohl ausgeführt sind, liegen aus Neuseeland nur wenige vor; so fand ich bei *Ranunculus pachyrrhizus* das unterirdische Rhizom sechsmal länger als den winzigen Spross, und dicke Wurzelfasern zur feuchten Tiefe sendend. Bei *Lepidium Solandri* entwächst nach Cockayne der 0,25 m hohe Stengel einer Wurzel, die 1,2 m Länge und fast 0,25 m im Durchmesser misst. Man ersieht hier zugleich die Wichtigkeit, die dicke Wurzeln und fleischige Rhizome bei den Geröllpflanzen als Stoff und Wasserspeicher erhalten, da ihr allgemeiner Nutzen für Alpine hier vitalstes Bedürfnis wird. Gutes Zeugnis legen davon ferner die Wurzeln von *Pachycladon, Haastia, Cotula atrata* etc. mit sehr breiter Rinde ab.

In vielen Fällen haben sich auch Stengel und Blätter der Speicherfunction angepasst; denn mit ihrer Hilfe sind ja ohne Beeinträchtigung der Transpiration am leichtesten die Zeiten schwieriger Wasserversorgung zu überstehen. Von den Beispielen stark verbreiterten Hautgewebes (*Swainsonia* 10 μ) ist besonders *Luzula Cheesemanii* (67 μ) bemerkenswert, eine Zwergform aus dem in Neuseeland höchst polymorphen Kreise der *L. campestris*. Ihre ganz kurzen Blätter, in allen Teilen zum Miniaturbild der wahrscheinlichen Stammmutter geworden, haben allein deren große Epidermiszellen ungeändert beibehalten, so dass der Wassermantel einen sehr ansehnlichen Bruchteil des gesamten Blattgewebes ausmacht.

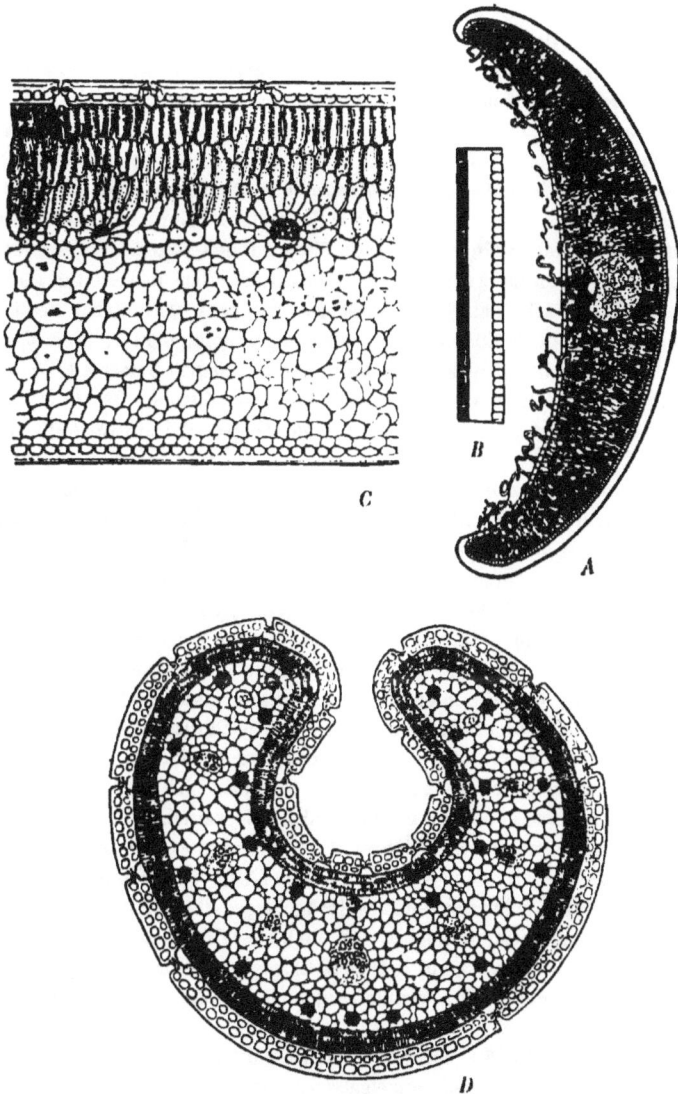

Fig. 6. Typen der Alpenregion III.

A—C Felsxerophyten. *A, B Lepidophyllum*-Typus: *Helichrysum* § *Ozothamnus corulloides* Hook. f. B. = $^{30}/_{1}$; *B* Epidermis = $^{60}/_{1}$. — *C* Unterseitiges Hypoderm mit Raphiden (≡) und Schleimzellen (+): *Epilobium crassum* Hook. f. B. z. T. = $^{100}/_{1}$. — *D* Geröllpflanzen: Succulententypus mit collenchymatischem Wassergewebe *Aciphylla carnosula* Hook. f. B. = $^{45}/_{1}$.

Die bedeutende Ausbildung eines breiten farblosen Mantels um die Mestombündel (*Swainsonia, Cotula atrata*) leitet zum centralen Wassergewebe über, das bei *Stellaria Roughii* noch aus isolierten Idioblasten, sonst aus zartem, mehr oder minder großzelligem, vom Leitsystem canalisiertem Parenchym zu bestehen pflegt (*Helichrysum grandiceps*, sehr typisch *Ranunculus pachyrrhizus*). Die chemische Natur des Softes, über die das getrocknete Material keine Auskunft giebt, bedarf noch näherer Prüfung. Ebenso wenig bin ich leider über die Anatomie zweier succulenten Ranunkeln etwas mitzuteilen im stande, da ich mir Exemplare davon nicht verschaffen konnte. Beide zählen in Neuseelands Flora zu den seltensten Arten und sicherlich zu ihren merkwürdigsten Erzeugnissen: laut Beschreibung sind es ansehnliche, sehr fleischige Gewächse, blaugrün von Wachs bereift; *R. Haastii* mit fingerbreitem Blütenschaft und gelappten Blättern, *R. crithmifolius* in feinzerteiltem, dickem Laube mit ihrem Namen besser als Worten bezeichnet. Das seltsame Paar verdient um so eingehendere Beachtung, als es in *Aciphylla carnosula* ein sehr eigenartiges Gegenstück aufweist. Ebenso localisiert wie die zwei Ranunkeln, ebenso auf Wairaus Schieferfeldern bis zu den Grenzen pflanzlichen Lebens empordringend, ihrer Verwandtschaft habituell nicht minder entfremdet, ist diese Umbellifere wie jene durch starke Succulenz aller vegetativen Teile der trockenen Heimat acclimatisiert (Fig. 6 *D*). Den größten Teil der stielrund eingerollten Fiedern nimmt typisch collenchymatisches, lückenloses Wassergewebe ein, außen vom Palissadenparenchym umsäumt, innen die dünnen Leitbündel umhüllend und von Ölgängen durchsetzt. Dem Gasbedarf der Palissaden dienen ringsum kleine, vertiefte Stomata; die zweischichtige Epidermis scheint mit starken wachsgedeckten Wänden sowohl die Cuticularverdunstung zu hemmen, als bei der Festigung der Pflanze mitzuwirken.

Also trotz idealsten Wasserspeichers erweisen sich hier einige jener zahlreichen Anpassungen unentbehrlich, die vornehmlich der Geröllflora das Dasein ermöglichen und ihrer Physiognomie die Signatur verleihen: die Verdunstungsgröße, mit den extremen Temperaturen gepaart, hat sie erzeugt. Denn im kurzen Lenz des Hochgebirges ist der Wärmeverbrauch bei Ausdünstung mitunter ebenso schädlich als Welken durch Erhitzung; und die vielen Einrichtungen, die dem Ausgleich zwischen feuchter und trockener Luft widerstehen, verhüten zugleich gewaltsame Schwankungen der Körperwärme.

4. *Sträucher.* Die Sträucher sind sämtlich durch Sturm und Schneelast des Winters dicht dem Boden angelegt und damit zugleich den bewegten, trockneren und kälteren Luftschichten entrückt. Allgemein ist ferner starke Laubverkümmerung bei ihnen eingetreten: wie schon der Vergleich von *Podocarpus nivalis* mit der hohen *P. Totara* der Ebene lehrt. Schmal-lineal und dachig sind die Blätter bei [*Mitrasacme*] *Hookeri*; bei [*M.*] *Cheesemanii* noch kürzer nnd ebenfalls dem Stamme so fest angepresst, dass von einer her-

vorstehenden Spreite wie bei den Felsen-*Ozothamnen* nichts zu gewahren ist. Derselben Kategorie gehören (*Logania*) *Armstrongii* und *Veronica tetrasticha* an. Dass beide wiederum ihr genaues Ebenbild in *Hypericum thujoides* H.B.K. auf den Paramos von Venezuela finden [1]), zeigt, in wie fernen Gruppen der Lepidophyllentypus sich wiederholt. Besonderes Interesse beansprucht seine mannigfache Nuancierung an Neuseelands imbricaten *Veronicen*, wo die Blattreduction eine deutliche Stufenreihe durchläuft. Drei Etappen davon bringt Fig. 7 C zur Darstellung : bei *Veronica* »tetragona« (Fig. 7 B, C_1) sind die Blattpaare im unteren Teile schon verwachsen, doch oben stehen die freien Hälften ein wenig vom Stengel ab. Winzig genug zwar ist das exponierte Stück, erfährt aber trotzdem bei *V.* »lycopodioides« (C_2) durch plötzliche Zuspitzung noch erhebliche Verkleinerung, um schließlich bei *V.* »salicornioides« (C_3) bis auf einen schmalen Reif um den Stengel ganz zu abortieren.

Alle genannten Sträucher sind reich und dicht verzweigt, so dass die assimilierende Oberfläche an sich nicht viel kleiner sein dürfte, als bei mäßig verästelten Gehölzen mit wenigen aber großen Blättern. Sehr erheblich deprimiert dagegen wird die Verdunstung durch die dichte Anschmiegung der Ernährungsorgane an den Stengel, ihre verticale Lage, die Vermeidung jeder Erschütterung, die kurze Entfernung von den wasserspendenden Leitbündeln ; auch hält das geschlossene Astgewirr so lange wie möglich Feuchtigkeit im Busche zurück. Um jedes einzelne Blatt ferner bilden sowohl Cuticula wie die übrigen Wandschichten einen enormen Panzer (*Mitrasacme Hookeri* Cutic. 16, Wand 15 µ, *Veronica epacridea* Cutic. 8, Wand 10 µ). *Veronica lycopodioides* und *tetragona* haben sogar durchweg cutinisierte Außenwand, von gelber Farbe, in $H_2 SO_4$ unlöslich ; dabei an der Außenfläche 40, an der Stammseite immer noch 15 µ hoch (*V. tetragona*). Kaum schwächer sind die den Palissaden benachbarten Innenwände, woraus hervorgeht, dass hier das Hautgewebe lediglich als Trockenschutz fungiert. Auch der Spaltöffnungsapparat ist mit Ringleiste (*Veronica*) oder innerer und äußerer Cuticularleiste (*Mitrasacme*) stark armiert. Kurz, im ganzen Bau dieser imbricatlaubigen Büsche spricht sich eine unverkennbare Näherung an die Rutensträucher aus, von denen ja *Exocarpus Bidwillii* und andere auf den tiefer gelegenen Geröllhalden noch vortrefflich gedeihen. Und wie diese haben z. B. die erwähnten *Veronica*-Arten (und die nachher anzuführenden Woll-*Raoulien*) an den Sämlingen größere, heteromorphe Blätter, wie sie uns ja bei *V. cupressoides* schon begegneten (S. 266). Auch bei ihnen ist es Lindsay [2]) gelungen, in feuchter warmer Luft an der erwachsenen Pflanze Rückschlag zu den Primärstadien zu erzielen. Ein näheres Studium der Entwicklungsgeschichte war mir unmöglich, da Keimpflanzen

---

1) Goebel, Pflanzenbiol. Schild. II. 31.
2) Lindsay, Heterophylly in New Zealand *Veronicas*. Transact. Bot. Soc. Edinburgh. XVII (1889). S. 242—245.

dieser Gewächse, schon in der Natur sehr selten, nicht erhältlich waren.
Morphologisch wäre der Entscheid wichtig, ob die späteren Assimilationsorgane wirkliche Spreiten oder, wie ARMSTRONG annimmt, nur Phyllodien
sind.

2. *Einzeln wachsende Stauden.* Die Zahl der ungesellig wachsenden
und schwach verästelten Stauden ist gering auf der Halde. Das Haupt-
contigent dazu stellen die Succulenten, wo wir Transpirationsregulatoren
schon bei *Aciphylla carnosula* keineswegs überflüssig fanden: wir kennen
bereits den Wachsbelag ihrer derben Außenwand, die uns auch *Ranunculus
crithmifolius, Lobelia Roughii* u. a. anmuten lässt wie Dünengewächse.
Außerdem entziehen sie alle durch Verticalposition die Assimilationsorgane
greller Mittagssonne, die am meisten ihre Wasserschätze bedrohen würde.
Andere krümmen zur Minderung der Eigenfläche die Fiedern des Laubes
einwärts: *Cotula atrata* z. B. wird dadurch recht ähnlich den Geröllformen
unseres *Chrysanthemum alpinum* L., die in gleicher Weise ihre Blätter
schützen. Die Leguminose *Swainsonia* verwertet unter entsprechenden
Umständen mit Vorteil die Begabung ihrer Familie, je nach der Feuchtigkeit
durch Bewegung der Blattpaare die oberseitigen Stomata außer Betrieb
zu setzen. Dauernde Reduction der Blattfiedern zu fadenförmigen stielrunden Zipfeln verleiht *Aciphylla filifolia* das eigentümliche Aussehen
gewisser mediterraner Doldenxerophyten (z. B. *Seseli tortuosum* L.). Endlich
sind *Lobelia* und *Wahlenbergia* zuzufügen, die beide in der breiten Spatel-
form lederiger Blätter nach einer Richtung convergieren, die in ihrem Ver-
wandtenkreise sehr ungewöhnlich ist.

3. *Rosettenpflanzen.* Wurzelständig geordnetes Laub ist bei den echten
Geröllpflanzen Neuseelands viel weniger häufig als in den übrigen Formationen des Hochlands. Nur die Cruciferen, denen ja auf der nördlichen
Hemisphäre so zahlreiche Rosettenpflanzen zugehören, machen auch dort
eine Ausnahme und erinnern vielfach an bekannte Typen, wie *Pachycladon*
z. B. an gewisse *Draben*, das etwas succulente *Nothothlaspi rosulatum* an
die geröllbewohnenden fleischigen *Iberis* der Mediterrangebirge (z. B.
I. carnosa Willd. auf der Sierra Nevada). Sehr eigenartig gestaltet dagegen
ist das vielleicht zweijährige *Nothothlaspi notabile* (Fig. 7 A). Ganz ähnlich
der *Saxifraga florulenta* Mor. unserer Seealpen, die an unzugänglichen
Felsen klebt, oder manchen »rosulaten« Veilchen der hochandinen Geröllflächen (z. B. *Viola Leyboldiana* Phil.) schirmt das Laubdach ihrer Rosette
eine Höhlung, und zwar so, dass alles Regenwasser, welches die Außenfläche trifft, an ihr ablaufend auf kürzestem Wege der tiefliegenden »Saug-
wurzelzone« zugeleitet wird. Aber auch die Höhlung ist für die Tran-
spirationsökonomie nicht belanglos; worauf KARSTEN[1]) zuerst hinwies.

1) G. KARSTEN, Morphol. und biolog. Untersuch. üb. einige Epiphytenformen der
Molukken. Ann. Jard. Buitenzorg XII. (1895). 117—195. S. 164 f.

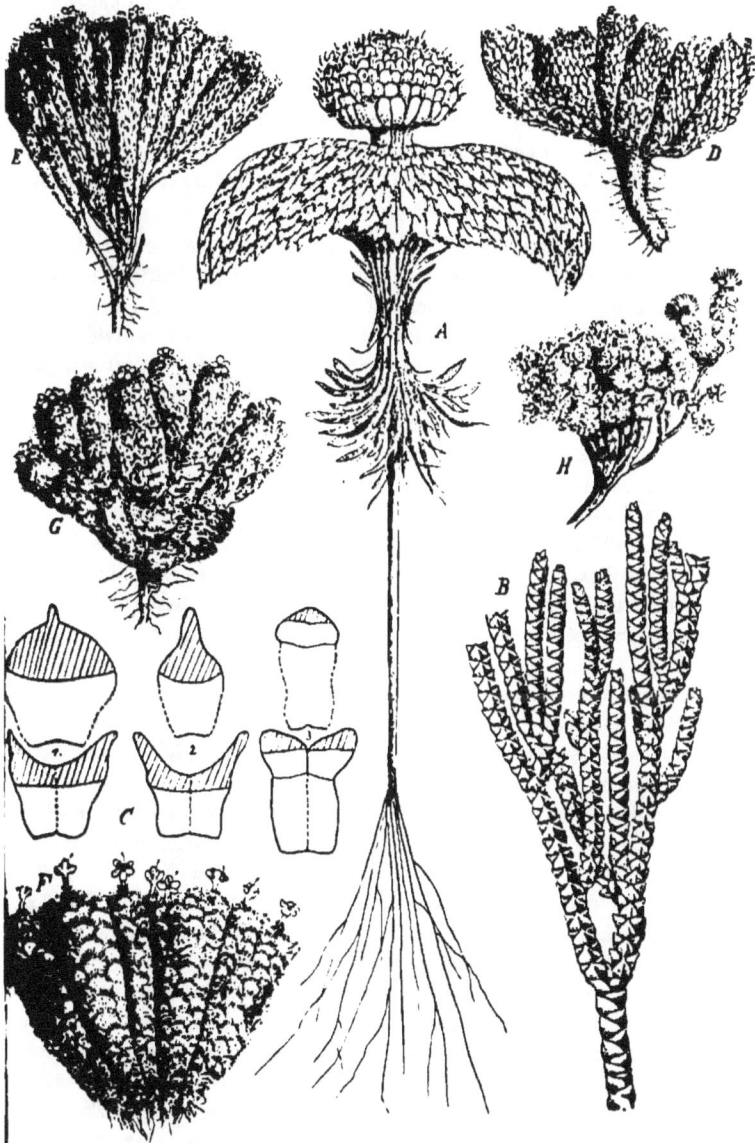

Fig. 7. Typen der Alpenregion IV. Geröllpflanzen,

A Rosettenpflanzen: *Notholhlaspi notabile* nach Buchanan NZI XIV. Taf. 21 ¹/₁. — *B, C Lepido-phyllum*-Typus der Sträucher. *B Veronica tetragona* Hk. f., Teil des Astwerks ¹/₁; *C* Fortschritt der Blattreduction bei *Veronica* ⁴/₁: unten schemat. Seitenansicht des Blattpaares, oben Innenansicht. — Verwachsungslinie; der exponierte Teil der Spreite schraffiert. 1. *V. tetragona*, 2. *V. lycopodioides*, 3. *V. salicornioides*. — *D, E* Convergenz entfernter Familien im *Azorella*-Typus: *D Hectorella caespitosa* Hk. f. (*Caryophyllaceae*) ³/₁; *E Dracophyllum muscoides* Hk.f.(*Epacridaceae*) nach Buchanan l. c. 26, 3. ¹/₁. — *F–H* Convergenz im *Aretia*-Typus, *F Myosotis uniflora* Hk. f. (*Borraginaceae*) nach Buchanan l. c. 31, 1. ¹/₁. — *G Veronica § Pygmaea pulvinaris* Hk. f. (*Scrophulariaceae*) ¹/₁. — *H Raoulia Parkii* (*Compositae*) nach Buchanan l. c. 34, 3. ¹/₁.

muss in solch abgeschlossenen Räumen stets wechselnde Condensation
von Wasserdampf stattfinden, nachts an der Pflanze, tags am Substrate.
Diese Taubildung dürfte sich infolge der intensiven Wärmesprünge auf
dem Geröll bei unserem *Nothothlaspi* besonders lebhaft abspielen und
jederzeit die Unterseiten der angrenzenden Blätter reichlich mit feuchter
Luft versorgen. Der gedrängte Blütenkopf auf dickem Schaft vervollständigt
den seltsamen Anblick der kleinen Pflanze, die ihr Entdecker (NZI XIV. 345)
mit Fug ein Unicum der neuseeländer Flora nennt.

4. *Polsterpflanzen.* Dass in Neuseelands Alpen rasenförmiger Pflanzen-
wuchs nicht minder verbreitet ist als in jedem Gebirge, lehrten uns bereits
ihre Moore und Triften. Auf den Schuttbalden darf man ihn um so mehr
allerorts erwarten, als ja dichter Zusammenschluss vieler Individuen Erhitzung und völligeAustrockung des lockeren Gerölls am wirksamsten hin-
hält. In der That breiten die kleinen Gräser, *Luzula*, *Aciphylla imbricata*
(mit winzigem Lederlaub) ausgedehnte Teppiche über das dürre Gestein,
mit denen die wolligen Decken einiger *Helichrysen* und von *Craspedia alpina*
angenehm contrastieren. Letztere, »nur ein unförmlicher Wollklumpen«,
stellt nichts als die Geröllform der auch in Australien weitverbreiteten *Cr.*
Richea (S. 247) dar. Bei *Helichrysum grandiceps* greift der dichte Filz des
dachigen Laubes wie bei *Leontopodium* auf den Bracteenstern des Blüten-
kopfes über und hüllt ihn in schneeweißes Gewand; sehr bezeichnend haben
die englischen Colonisten die Pflanze das »Edelweiß« der neuseeländer Alpen
getauft.

Viel markanter aber als im europäischen Hochgebirge treten auf den
Halden die imbricatlaubigen Polster hervor; in der entsprechenden Convergenz mancher systematisch heterogenen Gewächse (vgl. Fig. 7 *C—H*) äußert
sich wiederum jene Hegemonie xerophilster Structur, die uns auf den
Triften zuerst entgegentrat. Die Blätter dieser Polsterpflanzen sind bald
lederig (*Azorella*-Typus), bald weich aber mit langen Haaren bekleidet (*Are-*
tia-Typus). Die in den Mooren so verbreitete *Azorella*-Form (s. S. 255
erscheint auf dem Geröll in *Hectorella* (Fig. 7 *D*), *Dracophyllum* (Fig. 7 *E*
und 4 *Pygmaea* wieder, und ist demnach auf Neuseeland nicht streng an nass-
kalte Standorte gebunden, wie es Meigen[1]) in Chile beobachtete. Häufiger
allerdings ist der *Aretia*-Typus, dessen reiche Entfaltung in den höchsten
Vegetationsregionen uns schon der Puna gedenken ließ, ferner aber auch
eine bemerkenswerte Parallele herstellt zwischen den neuseeländischen
Hochalpen und dem sikkim-tibetanischen Himalayagebiet bei 4000—6000 m
Seehöhe mit seinem dürren Polarklima. Die dort heimischen *Saxifraga*
hemisphaerica Hk. f. & Thoms., *Myosotis Hookeri* Clarke oder *Antennaria*
muscoides Hk. f. & Thoms. sind auf Neuseeland durch *Myosotis*- (Fig. 7 *F*,

---

1) F. Meigen, Biologische Beobachtungen aus der Flora Santiagos in Chile. Englis
Bot. Jahrb. XVIII. (1894.) 394—487. S. 459.

Pygmaea- (Fig. 7 *G*) und *Raoulia*-Formen (Fig. 7 *H*) ersetzt, die ohne Blüte von einander kaum zu unterscheiden und manchen Moosen ähnlicher sind als ihren Verwandten. Rings drücken sich die kleinen Blätter dem Stengel an, der Basis zu'beiderseits, in der oberen exponierten Hälfte nur innen mit Spaltöffnungen versehen, außen statt dessen mit langen, lumenschwachen Deckhaaren besetzt. So'sehr sind die Stämmchen einander genähert, dass bei der dichten Wollanhäufung jede directe Communication mit der trockenen Außenluft gesperrt ist. Erst muss sie sich in dem Haarfilter gründlicher Anfeuchtung unterwerfen und entsprechend abkühlen, da ja die weiße Wolle viel weniger Strahlen absorbiert, als der dunkle Schieferschutt. — Weit größere Dimensionen als diese moosartigen Rasen nehmen die Polster einiger Compositen an. In Tibets Hochgebirge um 5000 m fand man zuerst in *Saussurea* § *Eriocoryne gossypiphora* Don und *Crepis glomerata* Descne bis 30 cm hohe, sonderbare Wollballen, die von ferne gesehen kaum vegetatives Leben ahnen lassen. Als Specialitäten des höchsten Himalaya wurden sie lange bewundert, bis man um 1860 in Neuseelands Alpen weit extremere' Beispiele derselben Vegetationsform entdeckte, jene bis 1 m getürmten'Compositenpolster, die sich als »Schafpflanzen« bald einer gewissen Berühmtheit erfreuten [1]). Die große rundliche Wollmasse dieser Pflanzen (*Raoulia mammillaris, eximia, rubra, bryoides; Haastia* 4 Species) verdankt ihre Tierähnlichkeit denkbar geringster Oberflächenentfaltung: lückenlos pressen sich bei der extremsten Form (*Haastia pulvinaris*) die blattumgebenen Zweige aneinander, so fest, »dass man den Finger nicht hineinstecken kann«, wie SINCLAIR, ihr Entdecker, in gerechtem Erstaunen berichtet. Anatomisch konnte ich nur die etwas locker gebaute *H. recurva* untersuchen, bei der das Blattgewebe vom Filz um vielfaches an Breite übertroffen wird. Sie ist nicht wie die anderen auf shingle slips beschränkt, sondern gedeiht im Schutze großer Blöcke auf jedem steinigen Boden des Hochgebirgs, so z. B. auf Felsen zusammen mit der früher (S. 271) erwähnten *Raoulia mammillaris*.

Die erstgenannten Vertreter der *Azorella*-Form ohne Haarkleid finden in Verdickung und starker Cuticularisierung der Epidermiswände gleichwertigen Ersatz. Dabei schließen sich diese Verstärkung und Behaarung meist streng aus. In den früheren Abschnitten fanden wir die Blattfläche oft derart geteilt, dass die Wandverdickung oben, der Filz unten auftrat, wobei die Rücksicht auf Wassergewebe und Stomata Maß giebt. Bei den Geröllpflanzen sind dagegen die Blätter in dieser Hinsicht durchgehend isolateral. Die Minderung der Verdunstung ist vermutlich auf beiden Wegen in ähnlicher Vollkommenheit erreicht, sonst würden wohl kaum ganz nahe Verwandte an gleichem Standort verschiedenen Typen folgen, wie *Pygmaea*

---

1) Vergl. Abbildungen HOOKER, Icon. Plant. Pl. 1003; KERNER VON MARILAUN, Pflanzenleben II. 184; GOEBEL, Pflanzenbiol. Schilder. II. 43.

Thomsoni (dicke Haut) und *P. pulvinaris* (Filz). Doch in extremen Gebirgen, wo die Verdunstung so abhängig ist von der Wärmecurve, scheinen die hellfarbigen, stets temperierten Wollpolster ganz besonders am Platze, wie ja auch ihre Vorliebe für rauhe Xerophytengebiete, ihr Fehlen in stets heißen[1]) andeutet. Immerhin wäre es interessant, experimentelle Prüfung der Frage bei so nahe stehenden Formen, wie den *Pygmaeen*, zu versuchen; denn nur in derartigen Fällen, wo man sonst annähernd identische Organisation voraussetzen darf, öffnet sich einige Aussicht auf eindeutige Resultate.

Festigung. Den Stürmen des Hochlandes Trotz zu bieten, befähigt die Geröllpflanzen bald sehr gedrungener Wuchs, bald kriechen sie am Boden oder verweben ihre Zweige zu festem Polster. Häufig tragen sie die Blütenstände an kurzen Stielen oder auf niedrigem Schaft (*Nothothlaspi*); noch öfter fehlen selbst diese, und die Inflorescenzen verstecken sich im Laube (*Luzula Colensoi, Ranunculus pachyrrhizus, R. crithmifolius, Aciphylla carnosula, A. imbricata*).

Neben den Winden ist das fortwährende Herabrollen des Felsschuttes (s. COCKAYNE oben S. 273), wie schon aus unseren Alpen bekannt, von äußerst störender Wirkung auf das Pflanzenleben und verleiht allen Geröllsiedlern einen eigentümlichen Habitus, besonders den wasserreichen Stauden, denen es ja naturgemäß am gefährlichsten wird. Die Rosetten von *Nothothlaspi* z. B. begräbt der Schutt oft ganz, sodass man Exemplare mit einer zweiten Rosette über der ersten verfärbten nicht selten antrifft. In einer anderen, auch bei uns öfters zu beobachtenden Weise[2]) zeigt *Aciphylla carnosula* an ihrem dicken Stengel in vielen regellosen Windungen die Spuren des nie rastenden Kampfes mit dem Geröll: so oft es ihn begrub, stets wandte er den Sprossscheitel wieder dem nächsten Punkte der Oberfläche zu und arbeitete sich von neuem ans Tageslicht. Erst wenn er sich genügend gestreckt hat, um dem gewöhnlichen Bereich der Schutt»bäche« entwachsen zu sein, beginnen die Blätter zu sprießen und drängen sich nun an der Spitze des Stengels büschelig zusammen, während er unten ganz unbeblättert bleibt. Bald danach blühen schon die kleinen Dolden auf im Schutze der Blatthülle, die sich erst zur Zeit der Fruchtreife öffnet und die Samen entlässt. Unterdes erfolgt wohl noch ab und zu eine schwächere Schuttattacke, aber, die Blätter sind »so lederig, dass das auffallende Geröll sie nie beschädigt«. Diese Angabe COCKAYNE's klingt anfangs wunderbar, doch wissen wir schon, dass die stielrunden Fiederchen ja größtenteils aus Collenchym bestehen (s. Fig. 6 *D*), und das muss ihnen ungewöhnliche Biegsamkeit verleihen: jedem herabfallenden Steinpartikel

---

[1]) z. B. den Antillen; vergl. JONOW, Über die Beziehungen ein. Eigensch. der Laubblätter zu den Standortsverhältnissen. In PRINGSHEIM's Jahrb. XV (1883). 306 ff.

[2]) Ich fand es, obwohl nicht so deutlich, z. B. bei *Bunium alpinum* W. K. von den trockenen Schutthalden der Herzegowina.

werden sie wie kleine Kautschukschläuche ausweichen, wobei die äußerst feine Blattzerteilung dem einzelnen Abschnitt freieste Beweglichkeit sichert. Damit dürfte auch bei *Ranunculus crithmifolius* u. a. die weitgehende Segmentierung der Spreite zusammenhängen. Weniger compliciert gebaut, aber nicht minder glatt und lederig sind die Blätter von *Lobelia Roughii*, die der gleitende Schutt ebenfalls, wie auch bei *Stellaria* und *Swainsonia* auf die obere Stengelhälfte zusammengeschoben hat.

Assimilation in der Alpenregion.

Vergleichende Untersuchung des Assimilatorenbaues der neuseeländischen Gebirgsvegetation führt zu ähnlichen Resultaten, wie sie WAGNER[1]) für die europäischen Alpenflanzen erhielt. Er zeigte, dass auf den Höhen das Licht kürzer, aber intensiver und besonders an assimilatorisch anregenden Strahlen weit reicher ist als in der Ebene. Daher findet man hier an feuchteren Stellen allgemein den Idealtypus des Sonnenblatts erreicht: isolaterales Palissadenchlorenchym (höchstens in der Mitte rundliche Zellen zur Stoffleitung) mit weiten Intercellularen, die von beiden Seiten des Blattes her durch Spaltöffnungen mit Rohmaterial gespeist werden. Dass dabei auch der geringere Kohlensäuregehalt der Höhen- oder Inselatmosphäre eine Rolle spiele, dürfte eine überflüssige Annahme WAGNER's (S. 529 ff.) sein, da doch bei der spärlichen Vegetation in Alpenhöhen der Consum des Gases weit geringer ist als in der Ebene, wodurch die absolute Abnahme paralysiert werden muss.

Von dem eben genannten Bauplan, unter dessen zahllosen Belegen man die Polsterpflanzen der Moore, *Euphrasien* und *Senecio Lyallii* besonders typisch sieht, weichen nur die Compositen etwas ab, sofern sie oberseits eine Wasserepidermis führen. Sonst giebt sich auch bei ihnen durch namhafte Höhe des Palissadengewebes, das häufig die Schwammzellen auf einen schmalen Saum der Unterseite zusammendrängt (*Celmisia, Olearia*) die isolaterale Neigung des Chlorenchyms kund, deren freie Entfaltung der Sieg des Speichergewebes in seinem Conflict mit dem Durchlüftungssystem verhindert hat: wenn die obere Epidermis als Wasserreservoir fungieren soll, sind natürlich Stomata darin unmöglich. In der Regel aber kommt dies Hindernis isolateraler Ausbildung in der Alpenflora kaum in Betracht, da peripherische Wassergewebe (in erster Linie wohl des Frostes wegen) dort nicht rentabel und wenig verbreitet sind.

Auch in den trockenen Formationen herrscht der lacunös isolaterale Typus allenthalben, denn die Kürze des Sommers

---

4) A. WAGNER, Zur Kenntnis des Blattbaues der Alpenpflanzen und dessen biologischer Bedeutung. Sitzb. d. K. Akad. d. Wiss. zu Wien. Math. nat. Cl. 1892. 487—548. Hier auch die übrige Litteratur über die Abhängigkeit des Blattgewebes von exogenen Bedingungen besprochen.

fordert rasche Arbeit und die zahlreichen Trockenschutzmittel[1]) setzen
soweit wie thunlich die Gefahren guter Durchlüftung, d. h. großer innerer
Verdunstungsfläche herab. Bei den Wollpolstern der Steinhalden verlangt
und gestattet sogar die enorme Erschwerung des Luftwechsels innerhalb
des Filzes eine weitgehende Ausbildung des Intercellularsystems, um dem
Blatte die nötige Nahrung zuzuführen (*Haastia!*). Trotzdem wachsen
diese Pflanzen, denen nur wenige Wochen des Jahres die Assimilation er-
lauben, so langsam, dass ältere Exemplare manchmal auf kleinen Er-
höhungen stehen, weil um sie herum das Geröll allmählich herabgespült
wurde (Cockayne br. Mitt.). Erhebliche Reduction der inneren Verdunstungsfläche tritt selbst bei Fels- und Schotterpflanzen des Gebirges aus begreif-
lichen Ursachen nur als ultima ratio ein; aber in manchen Fällen (*Sisym-
brium Novae Zelandiae, Pimelea Traversii, Aciphylla carnosula, Veronica
Haastii*), kann nicht bezweifelt werden, dass damit den übrigen Mitteln
der Wasserökonomie ein letztes zugefügt wird. Und so empfindlich die
Assimilationsenergie dieser Pflanzen dadurch geschädigt werden mag, es
ist das kleinere Übel gegenüber dem sicheren Tod des Vertrocknens.

Begreiflicherweise selten ist dagegen unter der Alpenflora typisch
dorsiventrale Structur; die Hauptfälle können sämtlich aufgezählt
werden. Einmal trifft man sie bei *Caladenia, Claytonia, Epilobium linnaeoides, Plantago Brownii*, lauter kleinen Pflänzchen der Matten und Sümpfe,
die im Grase und von höheren Stauden bedeckt nur spärliches Licht
empfangen. Gleiches gilt natürlich von den wenigen echten Schatten-
gewächsen, wie *Coprosma serrulata, Ourisia macrophylla* und anderen Ge-
büschpflanzen, die zum Teil auf den wolkenreichen Westen beschränkt sind,
endlich auch von *Aspidium cystostegia* und *Veronica linifolia*, die nie den Licht-
schutz von Felswänden und Steinblöcken verlassen (S. 271). Ferner wird
dorsiventrales Chlorenchym da unumgänglich sein, wo horizontale Lage des
Blattes, von anderen Gründen erfordert, die Unterseite dem Lichte ent-
zieht (Rosetten von *Nothothlaspi*, Schildblätter bei *Ranunculus Lyallii, R.
Traversii*). Auch Beispiele von Vererbung scheinen nicht zu fehlen; z. B.
wäre *Liparophyllum*, das ja selbst die Spicularzellen der verwandten *Vil-
larsien* auf dem Lande beibehalten hat, hier zu nennen, und wohl auch
die von *Luzula campestris* stammenden Nivalformen.

Ob das Höhenklima an sich specifisch die Organisation des Chlorenchyms irgendwie beeinflusst, bleibt genaueren Untersuchungen zur Entscheidung vorbehalten. Für Neuseeland muss ich mich begnügen, die ansässigen Forscher mit wenigen Andeutungen auf das Thema aufmerksam
gemacht und die zahlreichen complicierenden Umstände hervorgehoben zu
haben. Besonders reichten das mir vorliegende Material und die Standorts-

1) Die auch in unseren Alpen an entsprechenden Standorten trotz Wagner's
Widerspruch nicht zu leugnen sind.

angaben in keiner Weise aus, um über das Verhalten derselben Art in verschiedenen Niveaus Aufschluss zu gewinnen.

C. Die Vegetation der Nachbarinseln.

Die neuseeländische Florenprovinz, durch WALLACE's faunistische Grenzen umschrieben, umfasst außer dem Hauptland noch Lord Howe Island, Norfolk, Kermadec Island, die Chatam-Gruppe und die sog. antarktischen Inseln, von denen Auckland und Campbell die größten sind.

Die Wichtigkeit der beiden ersten in pflanzengeographischer Hinsicht wurde oben wiederholt betont, und der neuseeländische Charakter an einigen Leitpflanzen dargethan. Ausführliches giebt eine kürzlich erschienene Abhandlung von R. TATE.

Kermadec Island ist von CHEESEMAN als junges vulkanisches Land erwiesen worden, das seine Flora transoceanisch zumeist aus Neuseeland, teilweise auch von Tonga her erhalten hat.

Der Vegetationscharakter aller drei Inseln entspricht dem subtropischen Mischwald Neuseelands und von näherer Schilderung, die wenig Neues bieten würde, können wir darum absehen. Es erübrigt also nur, noch auf den Vorinseln im Osten und Süden einen Augenblick zu verweilen.

1. Chatam Island.

Weit östlich vom Hauptlande, in kleinster Entfernung 800 km entlegen, steigt die Chatam-Insel aus dem Meere auf, ausgezeichnet durch echt oceanisches Klima, mild, sehr stürmisch und äußerst feucht (s. Tabelle S. 206). Nach TRAVERS und ROBERTSON sind zwei Drittel des Bodens von Moor bedeckt, das übrige Sand; der größte Teil von Gras bewachsen, hier und da Buschwäldchen, Farne überall in Fülle. Einen höheren Baum dulden die Orkane heutzutage nirgends, aber in früheren Zeiten gab es welche, deren Stämme TRAVERS im Torfe gelagert auffand.

Die Flora ist durch die Bemühungen dieses Forschers wohl vollständig bekannt geworden, und F. v. MÜLLER hat in der Einleitung seiner Bearbeitung schon auf die wesentlichsten Punkte hingewiesen. Am auffallendsten erscheint die fast völlige Übereinstimmung der Pflanzenwelt mit der Neuseelands trotz der großen räumlichen Entfernung; sie zählt rund 200 Species, wovon nur 5 % endemisch, und auch diese durchweg in engster Beziehung zu neuseeländischen Arten:

Geranium Traversii Hook. f.	* Cotula Featherstonii F. v. M.
Aciphylla Traversii F. v. M.	* Olearia semidentata Hook. f.
A. Dieffenbachii F. v. M.	* O. chatamica Kirk
Veronica chatamica Buchanan	* O. Traversii F. v. M.
Myrsine chatamica F. v. M.	* Senecio Huntii F. v. M.
Styphelia robusta Hook. f.	

Der ganze Rest der Flora kommt auch im Hauptlande vor, nur die australische Styphelia Richei R. Br. hat man dort noch nicht gefunden.

Diesem Befunde gegenüber vertrat F. v. Müller sofort die Ansicht,
die Chatam-Insel sei als junge Abgliederung Neuseelands zu
betrachten; und darin sind ihm alle Biologen gefolgt, die sich mit der
Frage beschäftigten. Denn auch die zoologischen und geologischen For-
schungsresultate schließen übereinstimmend jede andere Erklärung der Erscheinung aus. Noch heute ist das Meer zwischen der Insel und Neuseeland
nur 500—1000 m tief, um weiter nach Osten sofort bis 4500 m abzufallen.
Dass die Abtrennung thatsächlich erst vor relativ kurzer Zeit erfolgte,
beweist zunächst der Nachweis früherer Wälder, die weitgehende Identität
der Tier- und Pflanzenwelt, besonders schlagend aber der Umstand, dass
alle Elemente der neuseeländischen Vegetation auf der Insel schon vertreten sind [1]): die Strandflora selbstverständlich, dann sehr dominierend
die subtropischen Typen des Waldes (*Kentia, Phormium, Corynocarpus.
Hymenanthera*, u. s. f.) und kaum minder stark das südwestliche, in den
Voralpen der Südinsel und an den Fjordgestaden so entwickelte Element,
dem die verhältnismäßig differenziertesten Endemismen der Chatam-Insel
angehören (in der Liste mit ᵛ bezeichnet). Diese Pflanzen sind sehr empfäng-
lich für feuchte Atmosphäre und haben sich deshalb auf der Chatam-Insel
gut halten können. Dass sie aber dort erst nach der Loslösung entstanden
seien, ist mehr als zweifelhaft. Viel eher stammen sie aus höheren Breiten
und wanderten dem Nordwesten längs einer von den Snares nach Chatam-
Insel gedachten Linie zu, die ungefähr der Südküste Groß-Neuseelands ent-
sprechen dürfte, wo unter der Herrschaft der feuchtkühlen Seewinde etwa
ein Klima herrschen musste wie an der heutigen Südspitze Neuseelands. Die
eigentümliche Verbreitung des sonderbaren litoralen *Myosotidium nobile*
(Snares, Chatam-Insel) und einige ähnliche Fälle bilden den Beleg dieser
Annahme. Der südöstlichen Xerophytenflora Neuseelands endlich ge-
hören außer *Styphelia Richei* (s. o.) *Hymenanthera crassifolia* und die beiden
Aciphyllen an, deren Ausbildung wenig zum gegenwärtigen Klima der Insel
passt; besonders beachte man *Aciphylla Dieffenbachii* (Fig. 5 *B*). Abgesehen
von diesen wenigen Formen zeigt die Vegetation überall den mesophilen
Habitus des feuchten Mischwaldes mit Lianen, Epiphyten und Baumfarnen.
Einige Endemismen, die mit Recht nur als schwache Formen verbreiteter
Arten Neuseelands angesehen werden, erweisen sich sogar deutlich als
Producte hoher Luftfeuchtigkeit und reicher Niederschläge: *Styphelia ro-
busta* und *Myrsine chatamica* unterscheiden sich von *St. Oxycedrus* bezw. *M.
Urvillei* allein durch breitere Laminae mit schwächerem Bast; ebenso hat
Hymenanthera latifolia var. *chatamica* ein großes, sehr lacunöses Blatt.

2. »Antarktische« Inseln.

Unter antarktischen Inseln werden hier der Kürze halber jene kleinen
Landreste verstanden, die südlich von Neuseeland im Pacific zerstreut lie-

---

[1]) Einzelheiten s. in Engler's Zusammenstellung Entwgesch. II. 57—83.

gen: die Felsklippen der Snares (48° s. Br.), die Antipodengruppe (50°), etwas umfangreicher Auckland (51°) und Campbell (53°), endlich bei 55° Macquarrie Island.

Genauere meteorologische Daten liegen nur von der Aucklands-Insel vor (s. Tabelle S. 206); sie illustrieren lehrreich die hochgradige Abstumpfung aller jahreszeitlichen Unterschiede : Der kühle Sommer bringt gelegentlich Nachtfröste, während der Winter zu mild ist, um den Schnee nur wenige Tage zu conservieren. Im ganzen Jahre dieselbe unbeständige Witterung, stürmisch und äußerst regnerisch, bei hoher Luftfeuchtigkeit. Auch auf der Campbells-Insel fand Buchanan im Sommer die nebelschwere Luft treibhausartig und den Boden mit Wasser gesättigt.

Die Flora der Aucklands- und Campbells-Inseln ist durch Sir J. Hooker's erschöpfende Darstellung am längsten bekannt; um die Erforschung der übrigen kleinen Inseln hat sich besonders T. Kirk bemüht, dem man auch eine kurz zusammenfassende Beschreibung ihrer Vegetation verdankt.

In pflanzengeographischer Hinsicht schließen sich diese Gebiete e n g dem benachbarten Neuseeland an. Auckland . und Campbell haben noch einige hygrophile Subtropenelemente erreicht (*Metrosideros*, *Myrsine divaricata*, 4 *Coprosma*), möglicherweise durch Wandervögel verbreitet, da die Mehrzahl mit Beerenfrüchten ausgestattet ist; ähnliches gilt für die auffallend stark vertretenen Farne und Orchideen.

Nachstehende Liste enthält die endemischen Pflanzen der Inseln, wobei auch die 3 im Feuerland und Umgebung vorkommenden, Neuseeland aber fehlenden Typen genannt sind:

	Snares	Auckl.	Campb.	Macq.	Antipodes.
— *Asplenium mohrioides* Bory	.	—	.	.	.
Hymenophyllum multifidum Hook. f.	.	—	—	.	.
Hierochloa Brunonis Hook. f..	.	—	.	.	.
Poa ramosissima Hook. f. . .	.	—	—	.	.
Gaimardia ciliata Hook. f.. .	.	—	.	.	.
— *Rostkovia magellanica* (Lam.) Hook. f..	.	.	—	.	.
Luzula crinita Hook. f. . . .	.	—	.	.	.
Bulbinella Rossii (Hook.f.)Engl.	.	—	—	.	.
Urtica aucklandica Hook. f. .	.	—	.	.	.
Colobanthus muscoides Hk. f..	—	—	.	.	.
Ranunculus aucklandicus A. Gray	.	—	—	.	.
— *Azorella Selago* Hook. f.. . .	.	.	.	.	—
Aciphylla latifolia Hook. f. . .	.	—	.	.	.
A. acutifolia Kirk	—	.	.	.	.
A. antipoda Homb. et Jacq. .	.	—	.	.	.
Stilbocarpa polaris Dcne. et Pl. (auch Stewart Isl.) .	—	—	—	—	.
St. Lyallii Kirk	.	—	—	.	.
Epilobium nummularifolium A. Cunn.	.	—	.	.	.

	Snares	Auckl.	Campb.	Macq.	Antipodes.
Veronica Benthamii Hook. f. . .	.	—	—		.
Gentiana concinna Hook. f. . .	.	—	—		.
G. antipoda Kirk	.	.	—		—
G. cerina Hook. f.	.	—	.		—
Coprosma ciliata Hook. f. . . .	.	—	—		—
Plantago aucklandica Hook. f.	.	—	.		.
Olearia Lyallii Hook. f.	—	.	.		.
Pleurophyllum speciosum Hook. f.		—	—	.	.
Pl. criniferum Hook. f. . . .	.	—	—	—	.
Pl. Hookerianum Buchanan .	.	.	—		.
Celmisia vernicosa Hook. f. . .	.	—	—		.
Abrotanella spathulata Hk. f..	.	—	—		.
A. rosulata Hook. f.	.	.	—		.
Cotula plumosa Hook. f. (auch Kerguelen)	.	.	—	.	.
C. lanata Hook. f.	.	—	.		.
Senecio antipodus Kirk . . .	.	.	.		—
S. Muelleri Kirk	—	.	.		.
Arten	23	125	75	19	55
»Antarktische« Endem.	6	28	24	7	8
Absolute Endem.	3	2	2	—	2

Die Eigentümlichkeit mancher dieser Pflanzen und ihre allgemeine Verbreitung über weite Meeresstrecken ohne besondere Mittel veranlasste bekanntlich J. Hooker, einstige Landmassen im südlichen Pacific anzunehmen, deren höchste Gipfel noch heute aus dem Meere tauchten. Oben (S. 256) wurde diese Hypothese auf die alpinen Moorpflanzen Neuseelands ausgedehnt, denen die in Rede stehenden Inselendemismen sich aufs engste anschließen: ihr größter Procentsatz besteht aus Arten, deren Verwandte auf den Gebirgen Neuseelands und Tasmaniens wachsen. Einst waren sie alle Bergpflanzen, wie mir aus dem bedeutenden Vorsprung an eigentümlichen Arten hervorzugehen scheint, den Auckland und Campbell ihren mäßigen Hügeln verdanken, die nur bis 400 m etwa sich über Meer erheben. Auf diesen Höhen wachsen Alpenpflanzen, wie *Oreobolus, Gaimardia, Gentiana, Phyllachne, Abrotanella*, von denen viele sich auch nach Südamerika verbreitet haben, genau wie die Moorbewohner Neuseelands.

Außerdem aber hat sich auf den Inseln ein sehr fremdartiges Element erhalten, das die Höhen meidet und wohl der antarktischen Ebenenflora entstammt. Unsicher ist das bei *Stilbocarpa*, die mit *Aralia*-Arten Chinas nahe verwandt, vielleicht früher auf Neuseeland selbst weiter verbreitet war und wie die *Aciphylla*-Arten als sinoaustraler Typus auch nordischen Ursprungs sein kann. Anders aber steht es mit *Pleurophyllum*, das auf sämtlichen antarktischen Inseln zu finden ist, doch nach Sir J. Hooker gerade keine Federkrone am Pappus besitzt, und deshalb neben den endemischen *Celmisia*- und *Senecio*-Arten für die südwestlichen Beziehungen der reichen Compositenflora Neuseelands schwer ins Gewicht fällt. Es unterscheidet sich nämlich von *Olearia* nur durch krautigen Habitus, und wegen der auf-

fallend parallelen Entwickelung dieses Genus in Ostaustralien und Neuseeland wird man vielleicht am treffendsten annehmen, *Pleurophyllum*artige
Stammformen der Gattung seien ungefähr gleichzeitig aus höheren Breiten
nach NW und NO vorgedrungen, um sich dort allmählich trockeneren
Klimaten anzupassen (S. 262).

Biologie und Organisation. Fast überall ist der moorige Boden
wegen seiner Nässe mehr von *Cyperaceen* und *Juncaceen* besiedelt als von
Gräsern. Auf den Höhen kehren, wie erwähnt, manche Polsterpflanzen
wieder, die uns schon auf den Bergmooren der Hauptinsel begegneten,
und manche neue gleichen Charakters kommen dazu (*Gaimardia, Rost-
kovia*, auf Macquarrie Island *Azorella Selago*). Zwischen sie drängen sich
die Rosetten der *Celmisia vernicosa*, die dem schwarzen Torfe firnisglänzende
Nadelblätter anschmiegt. Irgendwelche Secretionsorgane sind, wie VOL-
KENS[1]) schon anführte (am getrockneten Material wenigstens) auf der derb-
wandigen Epidermis (14 μ) nicht erkennbar, wenn sich auch das Lack-
häutchen chemisch leicht nachweisen lässt. Auf diese Arten, als Relicten
alter Gebirgsfloren, kann alles übertragen werden, was für die alpinen
Moorpflanzen der Hauptinsel gesagt ist (S. 255 f.). Auch die hochwüchsigen
Aciphyllen seiner Voralpenwiesen glaubt man wiederzusehen: dieselbe
doppelschichtige Wasserepidermis, ebenfalls kräftige Außenwand (13 μ)
und stark beleistete Stomata an den großen Lederspreiten, die sich auf
den Grasfluren dieser Inseln so scharf von den weichen Blättern der *Stilbo-
carpen* und *Pleurophyllen* abheben. Deren saftiges Riesenlaub hat in der
neuseeländischen Flora selbst auf den feuchten Bergmatten nicht seines
gleichen, erinnert aber lebhaft an den berühmten Kerguelenkohl, dessen
Heimat in Klima, Geschichte und seltsam heterogener Vegetationsphysiognomie[2]) ein überraschend ähnliches Abbild unserer antarktischen Inseln
darstellt. *Stilbocarpa* speichert in sehr großen Epidermiszellen das Wasser,
Pleurophyllum verwertet teils durch dünnwandige mehrzellige Trichome,
teils mit dem Fußstück langen Filzhaare direct die feuchte Atmosphäre, die
es umgiebt. Der sonstige Bau ihrer Blätter ist, wie bei den wenigen
Sträuchern, lacunös und typisch dorsiventral geworden unter dem sonnen-
armen Himmel.

D. Neuseelands Vegetation als Product seiner Geschichte.

Schon bei den pflanzengeographischen Betrachtungen der vorigen
Capitel war genetische Probleme zu berühren mehrfach unvermeidlich;
am Schlusse wird es vorteilhaft sein, die dort erwähnten Erklärungsver-
suche mit den Annahmen der Zoologie und Geologie zu vergleichen, auf
diese Weise, soweit heute möglich, ihre historische Gruppierung zu ver-

---

1) Berichte d. Deutsch. bot. Gesellschaft 1890. S. 126.
2) Vergl. NAUMANN's Photographie reproduciert in Pflanzenfam. III. 2. S. 156.

suchen und damit das Fundament zu schildern, auf dem sich unsere Vor-
stellungen über Neuseelands Florengeschichte aufbauen: erstens wie die
Elemente seiner Vegetation sich zusammengefunden, zweitens welche Ursachen jene Disharmonien erzeugt haben, die zwischen ihrem biologischen
Charakter und den exogenen Bedingungen der Gegenwart sich offenbaren.

Geologische Gründe machen es sehr wahrscheinlich, dass Neuseeland
seit dem mittleren Mesozoicum niemals mehr vollständig unter das
Meeresniveau getaucht ist; dass aber nach jener Aera die Verteilung von
Land und Wasser im südwestlichen Pacific lebhaften Schwankungen unter-
worfen war, hat man als ganz sicher festzuhalten.

Zweifellos zu den ältesten Bestandteilen der neuseeländer Flora gehören neben den Farnen die Coniferen, vermutlich auch Restionaceen
und einige Epacridaceen, kurz manche altoceanische Typen. Andere
Erscheinungen (*Veronica*) zeugen von einstiger Beziehung zum chinesisch-
indischen Gebiet, deren Einzelheiten jedoch sich jeder näheren Beurteilung
entziehen.

Kaum weniger schwierig ist das Verständnis der antarktischen
Gruppe des altoceanischen Stammes. Denn so wenig man schon wegen der zahlreichen zoogeographischen Parallelen bezweifeln darf, dass
früher ein- oder mehrmals größere Landmassen in der Antarktis mit ge-
mäßigtem Klima bestanden, und seit LYELL entsprechende Hypothesen von
verschiedensten Voraussetzungen aus verfochten wurden, so unklar bleibt
doch, woher wiederum diese Antarktis besiedelt wurde; nach der alten
Welt weisen z. B. *Nothofagus*, *Stilbocarpa*, *Aciphylla* (?), viele andere
Gruppen auf Amerika.

F. W. HUTTON[1]) hat durch scharfsinnige Combination eigener zoogeo-
graphischer Untersuchungen und der geologisch-paläontologischen Befunde
die einzelnen Entwickelungsphasen Neuseelands historisch zu fixieren versucht; er beginnt seine Ansätze mit der Periode jenes antarktischen Continents, den er in die Unterkreide verlegt. Sein chronologisches Haupt-
argument, der angeblich südamerikanische Ursprung der großen, flug-
schwachen Dinornithidae, deren fossile Reste so zahlreich auf Neuseeland
gefunden sind, kann jedoch nicht als stichhaltig gelten. Denn die neuere
Zoologie erklärt die gemeinsamen Merkmale der straußartigen Vögel für
Correlationen der Flügelverkümmerung; besonders WALLACE wies jede
nähere Affinität dieser Tiere von der Hand und sah in Casuar und Emu,
nicht in Rhea und Strauß Verwandte der neuseeländischen Moas, deren
Ahnen erst im Eocän von Ostasien her, nicht aus Südamerika polwärts
gedrungen sein sollten. Diese Ansicht dürfte gesichert sein, da sich die
Dinornithidae paläontologisch auf Neuseeland nirgends früher als miocän
haben nachweisen lassen.

---

1) On the geographical Relation of the New Zealand Fauna. NZI V. 227—236.

Neuerdings sind ferner für die vortertiäre Verbindung zwischen
Australien und Südamerika die Säugetierfunde in Patagonien wichtig geworden, wo man in eocänen Ablagerungen gewisse gegenwärtig auf Neuholland beschränkte Beuteltiergruppen entdeckt hat (Abderitidae; Sparassodontidae nahe stehend den Dasyuridae[1]). Dass in jener Epoche beide Länder
in Austausch gestanden, oder wenigstens aus gemeinsamer Quelle geschöpft
haben, ist als unabweisbares Postulat der Paläontologie anzuerkennen.
Aber nur die Westinsel des damaligen Australarchipels (vgl. S. 225 f.) participierte daran, ohne Beteiligung der östlichen Länder. In der
That convergieren noch heute die Verbreitungslinien aller marsupialen Familien in Westaustralien, die primitivsten Formen sind dort endemisch
(Myrmecobius, Peragalea) und, was am bedeutsamsten ist, fossil lassen sich
im ganzen Osten die Beutler frühestens im Spättertiär, also nirgends vor
dem Rückzug des Zwischenmeeres (S. 294) constatieren, sodass sie nach
Neuseeland ja bekanntlich niemals gelangt sind.

Somit erweist sich die Herleitung der zahlreichen Analogien zwischen
Ostaustralien, Neuseeland und Südamerika aus der Kreidezeit nicht nötig:
und sie hätte ihre Schwierigkeiten in Anbetracht der systematisch hohen
Stellung vieler der in Frage kommenden Pflanzen (*Caryophyllaceae, Caltha,
Fuchsia, Calceolaria, Phyllachne, Donatia, Asterinae, Senecio, Abrotanella*). Es
würde demnach noch im neueren Tertiär nähere Beziehungen der australen
Circumpolarländer anzunehmen erlaubt sein. Die damals wohl eisfreie
Antarktis war ausgedehnter als heute, und näherte sich Amerika soweit,
dass Pflanzen bequem ausgetauscht werden konnten, wenn auch für
Wanderung von Säugetieren die trennenden Schranken hinderlich waren.
Erst später müssen dann Tasmanien und Neuseeland sich polwärts gehoben
und aus der Antarktis, wo amerikanische Formen weitaus prävalierten[2]),
viele neue Florenelemente empfangen haben, ohne dass ihre eigene Vegetation ebenso rasch in die höheren Breiten hätte vordringen können. Von
der Pflanzenwelt jenes Südpolarlandes lebt fast nur die Flora seiner
Gebirge auf den Alpen Victorias, Tasmaniens, Neuseelands und Chiles fort,
in Resten, die zum Teil fremdartig und vereinsamt im heutigen Pflanzenreiche dastehen (Moorpflanzen etc.), weil ihre Stammeltern in der Niederung
beim Einbruch des Meeres größtenteils ersterben mussten. Wenigen Trümmern gelang die Rettung, vielleicht *Nothofagus, Pringlea, Stilbocarpa, Senecio* und einigen *Asterinen*; manche von diesen Überlebenden, die unter
günstigen Conjuncturen Tasmanien, die Australalpen, Neuseeland oder die
Anden erreichten, gingen sogar noch einem bedeutenden Aufschwung ent-

---

[1] K. A. v. ZITTEL, Grundzüge der Paläontologie. München und Leipzig 1895.
S. 768 ff.
[2] Vergl. auch ENGLER, Ew. II. 160. Natürlich ist damit umgekehrt eine Bereicherung der Anden durch antarktische Formen vielfach nicht ausgeschlossen.

gegen (*Fuchsia* (?), *Ourisia*, *Olearia*, *Celmisia*), der bis in die posttertiäre Aera fortgedauert hat.

Mit größerer Sicherheit, als bei den altoceanischen Pflanzen möglich, ist für das paläotropische Element der Eintritt in die neuseeländische Region dem Eöcan zuzuweisen. So datiert Hutton in Übereinstimmung mit Wallace auf den Beginn des Känozoicums jenen melanesischen Continent, der Neukaledonien, Howe Island, Norfolk und Neuseeland verband und im Norden mit der ostaustralischen Halbinsel zusammenstieß (vgl. S. 225). In Fauna und Flora begann lebhafter Austausch zwischen den Teilen dieses Festlandes; Ostaustralien und Neuseeland erhielten beide aus nördlichen Breiten subtropische Waldgehölze und traten damit in mittelbare Communication, ähnlich wie sie in späteren Zeiten vom antarktischen Continent her die gleichen Alpen- und Bergpflanzen erhielten. Mit Anbruch der miocänen Periode verschmolz Westaustralien mit dem östlichen Teile, und der neuholländische Continent näherte sich dem heutigen Umriss. In seiner Südhälfte begann die Entfaltung der westlichen Flora, die aber infolge veränderter Configuration des eocänen Festlandes niemals die Tropen erreichte und Neuseeland darum bis heute fern blieb.

Auch den Seeweg, dessen Bedeutung Wallace [1] offenbar überschätzt, haben nur wenige australisch-neuseeländische Typen mit Hilfe von Verbreitungsfrüchten einzuschlagen vermocht; häufiger wohl nur im jüngeren Tertiär, als zwischen Groß-Neuseeland und der Gegenküste das Meer weit schmäler war als heute. Ein Anzeichen dafür bietet noch jetzt der größere Reichtum von Lord Howe Island und Norfolk an australischen Arten, besonders in der Vogelwelt. Aber alle diese Tiere sind »mit starkem Flugvermögen begabt« [2], während ein großneuseeländisches Relict, Notornis, »gänzlich unfähig ist, über See zu fliegen«.

Wie diese dreifache Entstehung australisch-neuseeländischer Übereinstimmung, — antarktische, subtropische, transmarine — nun auch im einzelnen sicheres Urteil erschwert [3], eins ist zweifellos: das Subtropenelement, aus alttertiärer Landverteilung hervorgegangen, gelangte bald zur Vorherrschaft in Neuseelands Wäldern, — sehr natürlich, da in der jüngsten Kreide eine bedeutende Senkung stattgefunden und viele altoceanische Gehölze vernichtet hatte.

Miocän.

Die geologischen Aufnahmen haben ergeben, dass im Miocän der mittlere Teil Neuseelands streckenweise unter dem Ocean lag. Der frühtertiäre Continent hatte sich aufgelöst, und im Norden war die Meerestransgression

---

1) A. R. Wallace, Island Life p. 470 f.
2) A. R. Wallace, Geographische Verbreitung der Tiere I. S. 526.
3) Vergl. T. Kirk N ZI XI, Thomson XIV.

bedeutend genug, um die Verbindung mit Neukaledonien durch breite Meeresarme abzuschneiden. Im Süden dürfte diese Senkung für die Vegetation insofern von einschneidender Bedeutung gewesen sein, als sie die alte Flora des Hochgebirges stark decimieren musste.

Pliocän und Diluvium.

Die nächste Hebung begann nach Hutton's und fast aller neuseeländischen Geologen sicherem Ansatz im Oberpliocän. Lord Howe und Norfolk verbanden sich wieder mit dem Süden, während Chatam Island im Osten sich angliederte. Sie bildeten zusammen »Groß-Neuseeland« (Wallace's neuseeländische Subregion), das zuerst durch zahlreiche Tieranalogien, besonders in der Avifauna (Ocydromus, Nestor u. s. w.[1]) erkannt wurde, und sich botanisch nicht minder scharf charakterisiert erweist[2].

Bis ins Pleistocän dauerte diese Hebung fort, sodass zur Zeit ihrer Culmination die Alpen (nach Dobson etwa 1500 m) höher ragten, als in der Gegenwart, und die Cookstraße einen Gebirgspass darstellte. Heute, wo das Land wieder erniedrigt ist, berichten zahlreiche Glacialspuren in den moränenvollen Thälern von den Eisströmen, die sich damals von den weiten Firnfeldern der Kämme dort zur Tiefe wälzten; an der Südwestküste sind sogar jene steilen Gletscherbetten der Vorzeit bis unter den Meeresspiegel gesunken, und die eingedrungenen Wogen haben sie in Fjorde erweitert. J.v. Haast, der als erster Europäer Neuseelands Hochgebirge durchforschte, glaubte in all diesen Phänomenen die Symptome einer antarktischen Eiszeit zu erkennen und entwarf ein düsteres Bild vom pleistocänen Neuseeland, das eisbegraben ein Grönland der Südsee gewesen sein sollte. Vom biologischen Standpunkt aus von vornherein unhaltbar[3], wurde diese Ansicht bald auch geologisch[4] und paläontologisch[5] widerlegt. Hutton ersetzte sie durch die Elevationstheorie, welche in der oben mitgeteilten Fassung nach längerer Discussion[6] allgemeine Anerkennung gewann. Es bestätigte sich schließlich glänzend die alte Erfahrung der Geologie, dass gleiche Befunde keineswegs immer aus gleichen Ursachen entstanden sind.

Die heutigen Canterbury-Plains lagen demnach im Pleistocän als Hochflächen etwa 1000—1500 m über Meer, während die eigentliche Niederung weiter im Osten bis zu den vulkanischen Bergen der Chatamsinsel reichte und heute versunken ist. Auch im Süden, wo das Gebirge mehr und mehr

---

1) Vergl. F. W. Hutton NZI V. 44.
2) Vergl. R. Tate, On the geographic relations ... of Norfolk and Lord Howe Islands.
3) Vergl. Engler, Ew. II. 156 ff.
4) Durch J. Hector und W. T. L. Travers NZI VII. 409 ff.
5) Von F. W. Hutton NZI VIII. 385.
6) Vergl. D. Dobson NZI VII. 440 ff., wo die vorgebrachten Ansichten kritisch zusammengestellt sind.

verflachte, ragen in der Jetztzeit nur noch die größten Erhebungen als
Aucklands- und Campbells-Inseln über den Spiegel des Oceans.

Dürfen wir diese Vorstellung von Neuseelands jüngster Vergangenheit
für gesichert halten, so erhebt sich die Frage, wie es damals auf der Insel
aussah, welches z. B. die klimatischen Bedingungen waren, die der orogra-
phische Zustand mit sich brachte.

Heute ist ja ihr markantester Zug der Contrast zwischen Ost
und West, vor allem in der Feuchtigkeit. Diesen Gegensatz muss
die Erhöhung der Südalpen um mindestens 1500 m in ähnlichem
Grade verschärft haben, wie es heute die südlichen Anden thun. Das
weite Gebiet östlich der Gebirgsmauer konnte nur an ganz wenigen Stellen,
hinter einigen Kammdepressionen wie Arthurs Pass oder Cookstraße von der
Regenfülle des Westens geringen Nutzen ziehen; Banks Peninsula (damals
circa 2400 m), die dem Arthurs Pass gegenüber liegt, mochte z.B. in ihren
höheren Lagen begünstigt sein; auch die Südküste wurde von den feuchten
Polarwinden bestrichen. Aber je mehr sie dem Sommers stark sich er-
hitzenden Innern zuströmten, um so geringer wurde ihre relative Feuchtigkeit; den Seewinden des Ostens und Nordostens erging es nicht besser,
während der wichtigste Regenbringer, wie gesagt, seine Kraft am Alpen-
walle brach. Im Centrum der pleistocänen Continentalinsel an der Ostseite der Hochgebirgskette sind wir daher echtes Steppenklima,
zum Teil vielleicht wüstenartige Striche anzunehmen gezwungen, und
brauchen uns nur umzusehen, ob vielleicht noch einige Spuren dieser
Zustände in der Natur des Neuseelands von heute unverwischt zu entdecken sind.

Da finden wir auf den Ostketten jene immensen Geröllhalden,
deren sonstige Verbreitung auf der Erde sehr extremes Gebirgsklima (Anden!, in jüngst verflossenen Erdperioden für ihre Entstehung verantwortlich
macht. Woher stammen ferner die gewaltigen Lößabsätze in Canterburys Ebenen, deren Habitus genau in allen dürren Vorländen gletscher-
reicher Gebirge sich wiederholt, z. B. in den wasserarmen Steppen östlich
der argentinisch-patagonischen Anden? In der That haben bereits v. Haast
und Hardcastle für den neuseeländer Löß die äolische Bildung ange-
nommen, ohne aber an Steppen- und Wüstenklima zu denken, das doch
eine Voraussetzung ihrer Auffassung bildet, sie jedenfalls vollauf bestätigt.

Ferner, um zur organischen Natur überzugehen, möchte ich auf den
Polymorphismus der flügellosen Dinornithidae hinweisen, deren
Reste (17 Arten!) man noch am Ostrande des Pleistocäncontinents auf
Chatam Island aufgedeckt hat: so staunenswerte Entfaltung wird nur auf
weiten Steppenflächen möglich sein, denn wie sollen so riesige Lauf-
vögel in einem waldbedeckten Lande existieren? Hutton nahm an, wäh-
rend der miocänen Senkungsperiode habe sich eine Stammform auf den
Inseln des damaligen Archipels hochgradig specialisiert, und alle neugebil-

deten Arten hätten sich dann bei der pliocänen Hebung auf Groß-Neuseeland zusammengefunden. Aber analoge Erscheinungen in der Verbreitung xerophiler Organismen machen mir wahrscheinlicher, dass die Differenzierung der»Moas« erst eintrat, als sie auf den Steppen in neue Verhältnisse kamen und zu starker Vermehrung gelangten.

Endlich hat die Vegetation die Einflüsse des geschildeten Pleistocänklimas bewahrt, und wie man erwarten durfte, am allertreuesten. In der ersten Hälfte der Hebungsperiode nahm der großneuseeländische Subtropenwald das junge Land, das aus den Fluten tauchte, ohne auf ernsthafte Concurrenz zu stoßen, in Besitz, während im Gebirge auf den steigenden, von ihren bisherigen Insassen geräumten Flächen die dürftige Alpenflora neu zu erstarken anfing, und namentlich einige antarktische Typen (*Aciphylla, Ourisia, Celmisia*) sich auszubreiten begannen. Noch heute zeigen sie sämtlich die Wirkung dieser Expansionsperiode in jenem Polymorphismus, der als charakteristisch für alle spätbesiedelten Erdgebiete bekannt und bei uns ja am besten an den postglacialen Formenkreisen zu verfolgen ist. So bietet sich denn auf dem uralten Gerüst der neuseeländer Alpen, das seit secundären Zeiten nie mehr unter den Ocean getaucht ist, nur in geringen Resten die erwartete Primitivflora dar; in der Hauptsache mutet uns ihr Pflanzenschmuck an wie die Vegetation eines jungen Gebirgslandes. Namentlich drängt sich der Vergleich mit den Anden auf, deren Ketten ja in derselben Erdepoche noch mächtig anschwellend emporstiegen. Die frappanten Parallelen zwischen ihrer Pflanzendecke und der neuseeländischen Alpenflora zu verstehen, genügt jedoch nicht die Ähnlichkeit der Siedelungsbedingungen, genügt auch nicht der gemeinschaftliche Besitz mancher »antarktischen« Elemente (besonders Compositen), sondern ganz begreiflich erscheint erst die physiognomische Übereinstimmung beider als Resultat der klimatischen Verhältnisse betrachtet, die das pleistocäne Neuseeland beherrschten.

Denn je höher im Westen die Alpen sich türmten, um so trockner wurde ihr östlicher Abfall und das flache Hinterland. Schließlich begann in den Ebenen des Ostens der Rückzug des Waldes nach Norden auf der ganzen Linie. Nur wenige Büsche des Unterholzes, noch heute als »Abkömmlinge der Waldflora« auf den Triften erkennbar (s. S. 246 ff.), konnten sich dem ungewohnten Klima, wenn auch in der Eile nur unvollkommen anbequemen, und mit verkümmertem Laube ärmliches Dasein weiterfristen (*Hymenanthera crassifolia, Corokia Cotoneaster* u. s. w.). Besser half den Lianen ihre bekannte Anpassungsfähigkeit, sich mit Sonnenglut und Dürre abzufinden: es erstanden die blattlosen Rutensträucher von *Mühlenbeckia, Clematis, Rubus*; und besonders *Carmichaelia* begann sich mit der von *Astragalus* her berühmten Variationskraft auf dem verwaisten Boden auszudehnen, um durch *C. crassicaulis* die wüstenartigsten Striche zu bezwingen. Auch das antarktische (südwestliche) Element blieb nicht zurück, und als auf dem Osthang die Dürre immer mehr zunahm, da erwuchsen im Laufe der Jahrtausende die extremen Xerophyten der Geröllhalden, die kleinlaubigen Compositen und starren *Aciphyllen* der Voralpen, die auch hinabstiegen zur Niederung und durch die Steppe weit nach Osten zur Chatamsinsel vordrangen (*A. Dieffenbachii*).

Es sind die beiden Hauptcomponenten der neuseeländischen Pflanzenwelt, die von der Steppenzeit des Südostens sichtliche Beeinflussung verraten und damit evident beweisen, dass bereits im Pliocän subtropische und südwestliche Arten dort ansässig waren. Nicht minder deutlich aber erscheinen die echt australischen Ingredienzen, die noch heute auf der Südinsel spärlich sind (S. 246), von ihrem pleistocänen Klima völlig unberührt. Zur Erklärung wurde schon oben (S. 244) deren Einwanderung in den Norden des Großneuseelandgebietes verlegt. Wie schwierig und langsam von dort ihr Vormarsch nach Süden sein musste, leuchtet ein: hatten sie doch Territorien zu kreuzen, denen feuchtmildes Klima, das wohl nie wesentliche Änderungen erfuhr, einen mächtigen Schutz gegen jede Einwanderung in reicher Bewaldung gewährte.

Im Steppengebiet dagegen war die frühere Waldflora sich in die feuchtesten Districte zu flüchten genötigt; und fand ein Asyl namentlich an den regnerischen Berghängen der Bankshalbinsel, wo noch heute Zeugen einer älteren Waldbedeckung (*Kentia, Corynocarpus*, endemisches *Pittosporum*, vgl. S. 227) grünen. Sonst verschwand sie gänzlich von der Ostseite der Alpen.

Alluvium.

Als nun das Land von neuem zu sinken begann, tauchten zuerst die südlichsten Berge hinab, und ihre höchsten Kuppen (Auckland und Campbell) wurden Inseln. Dann erfolgte im Osten die Abtrennung von Chatam Island, das Gebirge erniedrigte sich besonders im Westen, wenn auch minder stark wie in miocänen Zeiten. Wo früher Gletscher thalab strömten, schlug nun das brandende Meer an die Felsen. Der Wald drang mit den feuchten Südwinden längs der Küste wieder nach Nordosten vor, wo er heute bis Otago Harbour gelangt ist. Doch nicht alle Bäume kehrten zurück, die im älteren Pliocän die Ostseite geschmückt hatten; in manchem Moore Canterburys fand Travers bei ca. 5 m Tiefe Reste von *Laurelia*, die in der Gegenwart exclusiv auf die Westküste beschränkt ist. Das Gebiet der Steppe aber ward mehr und mehr eingeengt, und heute ist nichts mehr davon vorhanden. Für ihre Tier- und Pflanzenwelt begannen schlimme Zeiten. Denn schwerer als Hygrophyten an Trockenheit passen sich xerophile Arten der Nässe an, sei es nun wegen ihrer geringen Wachstumsenergie, wie Fleischer[1] will, sei es aus anderen Gründen.

[1] Fleischer, Die Schutzeinrichtungen der Pflanzenblätter gegen Vertrocknung. Progr. Döbeln 1885.

Etwa wie wir die extremsten Xerophyten im feuchten Klima der Jetztzeit nur kümmerlich auf engen Arealen noch vegetieren und dem Untergange geweiht sehen (*Carmichaelia crassicaulis, Veronica cupressoides, Ranunculus crithmifolius* u. a. Geröllpflanzen) — mag darum nach langem Todeskampf vieles ausgestorben sein. Manche aber der nicht gar zu einseitig angepassten Organismen konnten sich trotzdem der schwachen Concurrenz erwehren, bis der Mensch seinen Fuß auf die Insel setzte. Diesem Gegner erlagen bald die hilflosen Riesenvögel, die so lange das Land beherrscht hatten. Dann brachte er die Cultur, und die räumte rasch auf unter den seltsamen Steppengewächsen. Mit ihr erschien das kampfgestählte Heer der nordischen Pflanzen, um den altersschwachen Insulanern einen mörderischen Krieg zu erklären, dessen schwankende Schicksale beobachtend aufzuzeichnen für die Augenzeugen eine wichtige und dankenswerte Aufgabe gewesen ist[1]) und bis zur einstigen Entscheidung bleiben wird.

Erklärung von Tafel III.

Karte von Neuseeland.

Die grün bezeichneten Flächen bewaldet. — Die Zahlen geben die Jahresmittel der Niederschlagshöhe in Centimetern. Orte gleichen Niederschlags durch die ⋯⋯ Linien verbunden. — Nur die in der Arbeit genannten Localitäten sind mit Namen eingetragen.

Inhalt.

[1]) T. Kirk, On the naturalized Plants of New Zealand NZI II; — T. F. Cheeseman, On naturalized Plants of Auckland District NZI XV. Übersetzt Engler's Bot. Jahrb. VI.

Mongonui

Auckland

WAIKATO Rotorua
TAUPO

Taranaki
M.Egmont

Napier

Wanganui

Cook-
Str.
Nelson
Wellington
C.Campbell

MARL
BOROUGH

Rokitika

Christchurch
Banks-Peninsula
CANTERBURY

Dunedin
Otago Harbour

OTAGO
LAND

Stewart-Isl.

1 : 10.000.000.

L.Diels gez. Lith.Anst. Julius Klinkhardt, Leipzig.

Verlag v. Wilh.Engelmann, Leipzig.